Sanjeev Jakatimath
R. K. Mesta
I. B. Biradhar

Etiologia e gestão da podridão dos frutos da Brinjal (Solanum Melongena L.)

Sanjeev Jakatimath
R. K. Mesta
I. B. Biradhar

Etiologia e gestão da podridão dos frutos da Brinjal (Solanum Melongena L.)

ScienciaScripts

Imprint

Any brand names and product names mentioned in this book are subject to trademark, brand or patent protection and are trademarks or registered trademarks of their respective holders. The use of brand names, product names, common names, trade names, product descriptions etc. even without a particular marking in this work is in no way to be construed to mean that such names may be regarded as unrestricted in respect of trademark and brand protection legislation and could thus be used by anyone.

Cover image: www.ingimage.com

This book is a translation from the original published under ISBN 978-620-2-02173-9.

Publisher:
Sciencia Scripts
is a trademark of
Dodo Books Indian Ocean Ltd. and OmniScriptum S.R.L publishing group

120 High Road, East Finchley, London, N2 9ED, United Kingdom
Str. Armeneasca 28/1, office 1, Chisinau MD-2012, Republic of Moldova, Europe
Printed at: see last page
ISBN: 978-620-7-76914-8

Copyright © Sanjeev Jakatimath, R. K. Mesta, I. B. Biradhar
Copyright © 2024 Dodo Books Indian Ocean Ltd. and OmniScriptum S.R.L publishing group

RECONHECIMENTO

Ao atingir um marco na minha vida, devo um profundo sentimento de gratidão a todos aqueles que me ajudaram de forma construtiva. É sempre um sentimento nostálgico quando se recorda os dias de trabalho árduo, as tensões e a necessidade de se destacar.

*Aproveito esta oportunidade para exprimir o meu profundo sentimento de reverência e gratidão ao **Dr. R. K. Mesta, Prof.** e Chefe do Departamento de Patologia Vegetal do COH, Bagalkot e estimado presidente do meu comité consultivo, pelos seus esforços incansáveis, encorajamento vivo, ajuda incessante e conselhos valiosos, que me permitiram dar o melhor de mim e apresentar a tese. Foi um prazer e um privilégio para mim estar associado a ele durante o meu mestrado.*

*Registo com sinceridade a minha sincera gratidão ao **Dr. Sadanand Musrif**, Professor Assistente, Dept. de Patologia Vegetal, COH, Kolar, por ter sido membro do meu comité consultivo e pelos valiosos conselhos sobre a leitura da minha tese para melhorar a sua apresentação.*

*Os meus sinceros agradecimentos vão também para o **Dr. I. B. Biradar**, Professor, (Agronomia) KRCCH, Arabavi, pela sua orientação e também pela redação da tese. Os meus sinceros agradecimentos vão também para o **Dr. P. S. Ajjappalavar**, Professor Assistente (Ciências Vegetais) HRS, Devihosur, pelas suas sugestões e conselhos valiosos para melhorar a tese.*

É com grande prazer que reconheço a grande ajuda que me foi prestada pelos membros do meu comité consultivo pelas suas críticas sensatas para melhorar o manuscrito e pela sua valiosa orientação ao longo do meu estudo.

*As palavras não conseguem exprimir o meu profundo sentimento de gratidão para com o meu pai, **Patrayya, já falecido,** e a minha mãe, **Savitri,** sem as suas bênçãos e afeto, este estudo nunca poderia ter visto a luz do dia. Estou-lhes grato por me terem dado a vida que sempre desejei.*

*O meu coração deve muito à minha mãe, às minhas irmãs e ao meu irmão pelo seu amor generoso, carinho e afeto, encorajamento, apoio moral e orientação que me mantiveram concentrado e motivado. Expresso também a minha profunda gratidão e registo o meu profundo sentimento de apreço pelo meu sempre amado tio **Prakash Hiremath**, pela minha amiga e bem-intencionada tia **Revati Matada**, pelo meu irmão mais novo **Manju** e pelas minhas irmãs **Deepa** e **Roopa**, que sempre me inspiraram e encorajaram, estão por detrás do meu atual esforço e os seus votos de felicidades sempre me animaram.*

*Gostaria de agradecer ao **Dr. Kirankumar. K. C.** Professor Assistente, Departamento de Patologia Vegetal COH, Bagalkot, **Dr. Dr. G. Manjunatha**, Professor Assistente, Direção de Investigação UHS, Bagalkot. **Dr. Mahesh Y. S.** Professor Assistente, Direção de Extensão UHS, Bagalkot. **Dr. Basavarajappa M. P.** Professor Associado, Departamento de Patologia Vegetal COH, Bagalkot. **Dr. H. B. Patil.** Dean, COH, Bagalkot, que sempre me apoiou, motivou e ajudou constantemente.*

A minha generosa gratidão é extensiva aos meus amigos mais velhos Somu, Pradnyarani, Priya, Siddarth D, S. Duradundi, Pakku, Kummu, Vittal, Lokesh, Pavan, e aos meus amigos de sempre Arvind,

Ramesh, Premchand, Balesh, Chetu, Hanumu, Ravi, Vijaymhantesh, Prashanth, Pavan H S , Chetan kumar, Abhishek, Rohan, Sangamesh, Prashanth, Venkatesh, Archith, Nagesh, Praveen, Sujeeth, Vivek, Ghaleppa, Jaggu, Jagadish, Vishnuvardhan, Ganesh, sharath, Geeta, Pooja, Ranjita, Madhu, Anita, todos os amigos da PG e da UG e o assistente de campo Siddharud, os trabalhadores Raju, Suresh, Santosh, Anand e a assistente de laboratório Shilpa, Manju, que estiveram comigo durante todo o meu período de mestrado e, mais especialmente, durante a minha investigação.Sc e, mais especialmente, durante o meu trabalho de investigação, pela sua ajuda atempada, encorajamento consistente e apoio moral eterno que me ajudaram a concluir com êxito o trabalho de investigação e a tese.

Quero também expressar os meus sinceros agradecimentos a todos aqueles cujos nomes não foram mencionados individualmente, mas que me ajudaram direta ou indiretamente a atingir este difícil objetivo.

Qualquer omissão involuntária neste breve agradecimento não significa falta de gratidão.

Data: junho, 2016
Local: Bagalkot

(SANJEEV JAKATIMATH)

Affectionately Dedicated to

My Beloved and everloving father

Late Shri. Patrayya K. Jakatimath

ÍNDICE

LISTA DE ABREVIATURAS

Sl. No.	Abbreviations	
1	%	Per cent
2	mm	Millimetre
3	μm	Micro meter
4	°C	Degree Celsius
5	cm	Centimetre
6	ml	Millilitre
7	mg	Milligram
8	m^2	Meter square
9	t/ha	Tonnes per hectare
10	q/ha	Quintal per hectare

CAPÍTULO 1

1. INTRODUÇÃO

A couve-brinjal ou planta do ovo (*Solanum melongena* L.) é uma importante cultura hortícola pertencente à família das solanáceas. A brinjal é uma das culturas hortícolas mais comuns, populares e principais cultivadas nas zonas tropicais e subtropicais. É uma cultura altamente produtiva e, normalmente, é considerada a cultura dos pobres. Esta cultura é amplamente cultivada na Índia, no Paquistão, no Bangladesh, na China e nas Filipinas. O Sul da Ásia representa quase 50 por cento da área mundial de brinjal cultivada (Harish *et al.* , 2011). Esta cultura robusta é cultivada ao longo de todo o ano, mesmo na estação quente e húmida da estação das chuvas, quando outros produtos hortícolas são escassos.

A couve-brinjal é a única grande cultura hortícola solanácea da Índia que está disponível no mercado a preços acessíveis para as populações rurais e urbanas pobres. Este legume é cultivado em pequenas explorações familiares, onde a venda quase diária dos produtos ao longo de 5-6 meses constitui uma fonte imediata de rendimento para os agricultores. Trata-se de uma cultura perene, mas cultivada como anual em todas as regiões do país, exceto em altitudes mais elevadas. A brinjal é altamente produtiva e é geralmente considerada a cultura dos pobres. Esta cultura é amplamente cultivada na Índia, no Bangladesh, no Paquistão, na China e nas Filipinas.

Este legume tem vários nomes vernáculos, *nomeadamente,* planta do ovo, beringela, baingan, badane, kausi, vangi, vazhuthana (Yawalkar, 1985). O seu centro de origem situa-se na região da Indo-Birmânia (Vavilov, 1928). A planta é erecta, compacta e bem ramificada. As folhas são grandes, simples, lobadas e a parte inferior das folhas da maior parte das cultivares está coberta de pêlos densos como lã. As flores são grandes e a corola é de cor púrpura. O fruto é do tipo pendente (Chauhan, 1981).

Na Índia, o brinjal é cultivado principalmente em estados como Bengala Ocidental, Orissa, Bihar, Gujarat, Maharastra, Andhra Pradesh, Karnataka, etc., com uma área de 7,22 lakh hectare, uma produção de 135,58 toneladas métricas e uma produtividade de 19,10 toneladas por ha (Anon., 2014). Contribui com cerca de 12,47% da produção total de produtos hortícolas na Índia. Em Karnataka, o brinjal é cultivado numa área de 15 800 ha, com uma produção de 4002,50 toneladas (Anon., 2014). É cultivada principalmente no distrito de Bagalkot.

Os frutos imaturos e tenros são utilizados como legumes, no fabrico de pickles e nas indústrias de desidratação. Os legumes cozinhados são preparados de várias formas. Tem muitas propriedades medicinais. É uma crença comum que o brinjasl branco é bom para os doentes diabéticos. Também pode curar dores de dentes, o fruto do brinjal cozinhado em óleo de til actua como um excelente remédio para quem sofre de problemas de fígado (Chauhan, 1981). Contrariamente à crença comum, o seu valor nutritivo é bastante elevado e cada 100 g de porção comestível contém 92,7 g de humidade, 6,4 g de hidratos de carbono, 1,3 g de proteínas, 0,3 g de gorduras, 1,3 g de fibras, 124 UI de vitamina A, 0,09 mg de ácido nicotínico, 120 mg de vitamina C, 200 mg de potássio, 18 mg de cálcio, 16 mg de magnésio, 47 mg de fósforo e 0,9 mg de ferro (Aykroyd, 1963).

A produtividade é bastante baixa devido a algumas pressões bióticas e abióticas que são factores limitantes para o êxito da produção de brinjal. Um dos principais factores limitantes do cultivo rentável desta cultura é o ataque de várias doenças causadas principalmente por grupos de fungos, bactérias e fitoplasmas. Esta cultura é propensa a muitas doenças, desde a fase de plântula até à fase de colheita. O amortecimento, o míldio *de Phomopsis*, a podridão dos frutos, a mancha foliar, a murchidão e a filodia são algumas dessas doenças que, quando se tornam graves, podem causar grandes perdas ao agricultor. A podridão dos frutos, causada por um grupo de fungos, está a tornar-se uma doença grave na zona seca do norte. A doença foi registada pela primeira vez no estado de Gujarat em 1914 e, desde então, em muitas partes da Índia.

Em geral, a perda de colheitas devido a esta doença varia entre 15-20% (Hossain *et al.*, 2013). A podridão dos frutos causada por *Colletotrichum melongenae* é uma doença fúngica grave, importante e destrutiva que causa perdas médias de rendimento de 5 a 15% (Byrne *et. al.* 1997). Quando as condições ambientais são favoráveis, a incidência da podridão dos frutos pode atingir 50%, o que pode resultar em graves perdas económicas (Smith e Black, 1990). Foi referido que *Phomopsis vexans* reduz o rendimento e o valor comercial da cultura em cerca de 20-30 % (Jain e Bhatnagar 1985). A infeção do fruto ocorre durante a formação do fruto, alguns dias antes da colheita da cultura. Esta infeção torna-se grave na altura da colheita para comercialização.

Os fungos que estão presentes na folhagem também infectam os frutos durante a sua fase de desenvolvimento. *Alternaria alternata, Colletotrichum melongenae* e *Phomopsis vexans* estão entre esses fungos que causam a podridão dos frutos. Os conídios de *Alternaria alternata* são produzidos em lesões nas folhas maduras ou moribundas. A sua produção pode começar em apenas dez dias após o aparecimento dos primeiros sintomas e pode continuar até cinquenta dias.

Os conídios *de Alternaria alternata* dispersam-se através de correntes de ar e a sua libertação das lesões pode ser desencadeada pela chuva ou mesmo por uma simples queda súbita de humidade. Quando os conídios pousam numa folha, esperam até ao orvalho noturno e germinam. Podem entrar através dos estomas ou penetrar diretamente através da parte superior da folha usando o seu apressório, infectando a folha dentro de 12 horas e depois a infeção espalha-se para todas as partes da planta (Wiest *et al.*, 1987). *Phomopsis vexans* sobrevive entre culturas em restos de plantas no solo. Os esporos do fungo são libertados dos picnídios. O principal meio de propagação é através de salpicos de chuva. A dispersão pelo vento é geralmente considerada de menor importância. A doença é favorecida pelo tempo quente e húmido. A temperatura óptima para o crescimento do fungo é de 29°C e este cresce bem até 32°C. A infeção por *Colletotrichum melongenae* resulta em lesões afundadas nos frutos, que variam em tamanho, e em esporos de fungos de cor bronzeada que aparecem nas lesões. Os frutos secam e tornam-se pretos e depois caem.

Embora se suspeite que muitos fungos estejam envolvidos, o papel exato destes fungos não está documentado. Além disso, alguns agricultores estão a utilizar fungicidas conhecidos de forma indiscriminada e não científica, o que pode resultar em problemas de toxicidade residual nos frutos de beringela. Por outro lado, não existe nenhuma variedade/linha/germoplasma resistente a esta doença. Por conseguinte, é necessário procurar alternativas para a avaliação da variação genética, o que constitui uma grande preocupação para os fitopatologistas, os criadores e os geneticistas populacionais. A disponibilidade de variação suficiente é necessária para a produção de novas variedades destinadas a melhorar a produtividade das culturas e capazes de resistir aos danos causados por factores bióticos e bióticos. Por conseguinte, é necessário determinar a fonte de resistência.

A literatura revela que não foram efectuados muitos trabalhos sobre estes aspectos. Por conseguinte, no presente estudo, foram definidos os seguintes objectivos para a gestão da doença.

1. Inquérito para recolha e avaliação da gravidade da doença da podridão dos frutos da brinjal no distrito de Bagalkot.

2. Rastreio de genótipos contra a podridão dos frutos da brinjal e identificação da fonte de resistência.

3. Avaliação *in vitro* e *in vivo* de fungicidas, extractos de plantas e bio-agentes contra o apodrecimento dos frutos da brinjal.

CAPÍTULO 2

2. REVISÃO DA LITERATURA

O presente estudo sobre **"ETIOLOGIA E GESTÃO DA RAIZ DA FRUTA DO BRINJAL CAUSADA POR** *Alternaria alternata , Colletotrichum melongenae* **E** *Phomopsis vexans.* ' foi realizado na Faculdade de Horticultura, Bagalkot, durante a *kharif* 2013-14. Foi realizado um inquérito sistemático para avaliar a gravidade da doença no distrito de Bagalkot, onde a cultura é cultivada extensivamente. As linhas de germoplasma disponíveis na UHS Bagalkot foram analisadas no terreno para identificar a fonte de resistência para o programa de melhoramento. Além disso, as linhas de germoplasma foram submetidas a análises RAPD para estudar a relação genética entre elas. Muitos investigadores relataram as propriedades antifúngicas de extractos de plantas, agentes biológicos e produtos químicos contra muitos agentes patogénicos das plantas. No presente estudo, tendo em conta os conceitos de gestão integrada das doenças, foram avaliados fungicidas, extractos de plantas e bioagentes contra os agentes patogénicos da podridão dos frutos da brinjela, tanto em laboratório como no terreno. A literatura relativa ao presente estudo é apresentada a seguir.

2.1 Inquérito sobre a incidência e a gravidade da doença

Thippeswamy *et al.* (2006) efectuaram um estudo e recolheram 145 amostras de sementes de brinjal de diferentes regiões agro-climáticas de Karnataka durante 2001-2003 e analisaram a micoflora. Esta cultura era suscetível às doenças *Phomopsis* blight (*Phomopsis vexans*) e leaf spot (*Alternaria solani*). Estas doenças eram doenças fúngicas transmitidas por sementes e reduziram o rendimento até 30-50 por cento.

Hossain *et al.* (2010) efectuaram um estudo sobre as principais doenças das culturas hortícolas e frutícolas na região de Chittagong. O estudo revelou que a maior gravidade da doença nas folhas (29%) e nos frutos (35%) foi registada com a praga de *Phomopsis* e que a quantidade de perdas de culturas e frutos devido a uma doença específica variou de local para local devido à existência de diferentes raças, biótipos ou estirpes do agente patogénico.

Sharma *et al.* (2011) efectuaram um inquérito periódico exaustivo nas principais zonas de cultivo de brinjal da divisão de Jammu. O inquérito revelou a presença da doença em todos os locais com incidência e intensidade variáveis. Registou-se um aumento da incidência e da intensidade do apodrecimento dos frutos durante a época de colheita de 2008, em comparação com o ano de 2007, o que pode ser atribuído às condições meteorológicas favoráveis no início da época durante o ano de 2008.

Jayarhamaiah *et al.* (2013) efectuaram um estudo de campo e recolheram amostras de brinjal infectadas com podridão dos frutos em diferentes locais do distrito de Mandya e Mysore. Todas as amostras recolhidas mostraram a associação do patógeno fúngico *Phomopsis vexans,* causador da praga das folhas. A incidência foi de 5-23% nas folhas e de 30-60% nos frutos.

2.2   Isolamento e identificação

Arx (1957) fez um estudo detalhado sobre as espécies do género *Colletotrichum* e atribuiu o estado ascogénico de *Colletotrichum gloeosporioides* como *Glomerella cingulata*. O fungo *Colletotrichum* foi descrito por Corda (1831-32) sob o nome de *Colletotrichum* com uma única espécie.

Phomopsis vexans produziu conidiomatas abundantes em meio de ágar de farinha de aveia 4-7% a 30°C sob luz (Divinagracia, 1969). Uma cultura pura pode ser isolada a partir de pedaços de tecidos infectados em placas de ágar (Islam *et al.*, 1990).

A antracnose dos frutos da beringela é causada por *Colletotrichum gloeosporoides* f. sp. *melongenae* e foi registada em Fournet, nas Índias Ocidentais (Messiaen, 1994; Daunay e Chadha, 2004).

Akhtar e Chaube (2006) realizaram uma experiência sobre a variabilidade de *Phomopsis* sp. e o estudo revelou diferenças significativas e substanciais no crescimento radial dos isolados em PDA. Do mesmo modo, a produção de biomassa variou entre 20,0 mg e 353,0 mg. Os caracteres morfológicos, nomeadamente o tipo de colónia, a cor, a textura e a zonação, também diferiram significativamente. A variação na morfologia dos estilósporos foi relativamente maior. A germinatividade dos picnidiósporos de diferentes isolados diferiu significativamente e variou de 31,0 a 72,0%. Exceto para os isolados Pv-36, a germinação conidial foi bipolar, enquanto que nos restantes isolados a germinação foi unipolar. O comprimento do tubo germinativo e o tempo necessário para a germinação também diferiram significativamente. A extensão e a magnitude do desenvolvimento picnidial foram variáveis. Nalguns isolados, os picnídios eram pretos, enquanto noutros se desenvolveram picnídios castanhos. A patogenecidade revelou que o isolado Pv-36 era o mais agressivo, enquanto o isolado Pv 11 era o menos agressivo.

Mahendranathan *et al.* (2009) observaram que os sintomas das manchas de *Colletotrichum melongenae* apareceram primeiro como pequenas lesões encharcadas de água nos frutos e depois tornaram-se salientes com superfícies cortiça. Mais tarde, as lesões foram acompanhadas pela erupção de massas de esporos viscosas e cor-de-rosa na superfície. As lesões expandiram-se rapidamente nos frutos.

2.3   Patogenecidade

Kapoor e Hingorani (1958) referiram que a *Alternaria alternata* causa mais doenças em frutos feridos ou lesionados do que em frutos não lesionados de brinjal e considerou-a altamente patogénica.

Singh e Singh (1987) relataram que *Alternaria alternata* sobrevive nos restos de plantas até 1 ano quando mantida à temperatura ambiente (25-28^0 C) em condições laboratoriais, mas sobrevive apenas até 6 meses quando enterrada no solo. As sementes de brinjal infectadas produziram uma cultura patogénica de *Alternaria alternata*. O solo infetado, os resíduos de plantas e as sementes serviram como fonte de infeção primária. A propagação secundária do agente patogénico ocorreu através de conídios transportados pelo ar, produzidos em folhas infectadas.

Singh (1992) efectuou o teste de patogenecidade, cujos resultados revelaram que a doença causada por *Phomopsis vexans* está presente em várias formas desde a fase de plântula da planta até à sua maturidade.

Khodke e Gahukar (1993) estudaram as folhas infectadas de malagueta e observaram manchas circulares castanhas ou pretas de vários tamanhos com zonação concêntrica. *A Alternaria* foi isolada das folhas infectadas, confirmando a patogenecidade e concluindo que *a Alternaria* era o agente causal da doença da mancha foliar da malagueta.

Wall e Biles (1993) estudaram a relação entre a taxa de deterioração causada por *Alternaria* e a maturidade do pimento e referiram que a gravidade da doença causada por *Alternaria* aumentava à medida que o pimento amadurecia.

Pan *et al.* (1995) recolheram diferentes amostras de sementes de brinjal de Bengala Ocidental e provaram a natureza de *Phomopsis vexans* nascida nas sementes e a sua patogenicidade.

Shahriary e Roozbehani (1997) estudaram um surto de cancro do caule do tomateiro causado por *Alternaria alternata* f.*sp. lycopersici* e observaram a formação de feridas ovais concêntricas no colo, caules e ramos, acompanhadas de manchas nas folhas e nos frutos.

Akhtar *et al.* (2004) observaram *Alternaria* incitante do míldio foliar do tomateiro e também provaram a sua patogenicidade. Kobayashi *et al.* (2004) relataram uma podridão severa dos frutos do melão causada por *Alternaria* importada do México na inspeção de quarentena de plantas.

Thippeswamy *et al.* (2006) referiram que a cultura do brinjal é suscetível às doenças *Phomopsis* blight (*Phomopsis vexans*) e leaf spot (*Alternaria solani*). Estas doenças são doenças fúngicas transmitidas por sementes e reduzem o rendimento até 30-50 por cento. *Phomopsis vexans* e *Alternaria solani* registaram 1-10% de manchas em plântulas de um mês e dois meses e 20-30% em plantas com três meses de idade.

Mangala *et al.* (2006) efectuaram investigações sobre a patogenecidade de *Alternaria* em cultivares de malagueta. O fungo isolado de folhas doentes de malagueta produziu sintomas típicos de míldio foliar após inoculação em plantas saudáveis de malagueta que eram semelhantes aos registados em plantas naturalmente infectadas. Após a inoculação artificial, apareceram pequenas manchas necróticas em espécies vegetais como o tomate, a grama vermelha, a grama preta, a grama verde, o amendoim, a couve e a mostarda. Enquanto que os sintomas de míldio foram observados em brinjal, tabaco, soja, feijão de cacho, batata e couve-flor.

2.4 Carácter de crescimento em diferentes meios sólidos

Miller (1955) referiu que o ágar sumo V-8 é um meio de utilização geral para *Colletotrichum* spp. e também para muitos outros fungos fitopatogénicos.

Rangaswamy e Sambandam (1960) observaram um crescimento máximo de *Alternaria* spp. em meio de ágar dextrose de batata. Ionnidis e Main (1973) referiram que *Alternaria alternata apresentava um* crescimento e esporulação máximos em ágar dextrose de batata.

Shah (1980) observou um crescimento máximo de *Alternaria alternata* no meio de ágar de Sabourand, seguido do meio de Richard, do ágar de dextrose de batata e do meio de ágar de aveia.

Hiremath *et al* (1993) referiram que *os Colletotrichum gloeosporioides* produziam um crescimento micelial branco a acinzentado com esporulação abundante em extractos de folhas do hospedeiro Czapecks, ágar de farinha de aveia e ágar de Richards. Ekbote (1994) observou que o crescimento radial máximo de *Colletotrichum gloeosporioides* foi de 90 mm em ágar de Richard, ágar de Brown e ágar dextrose de batata, seguido de ágar de Czapek (89,6) em papaia. Todos estes quatro meios não diferiram significativamente entre si.

Saied *et al.* (1995) referiram que *a Alternaria* crescia melhor em meio de ágar de Richard e que o crescimento máximo de colónias era observado a 27^0 C de temperatura e pH 5,5.

Pandey e Vishwakarma (1998) estudaram o crescimento, a esporulação e os caracteres das colónias de *Alternaria alternata* em diferentes meios à base de vegetais e observaram um crescimento máximo das colónias em meio de ágar dextrose de capsicum.

Akthar (2002) referiu que o extrato de batata fresca era a melhor fonte para o isolamento de rotina e o cultivo de *Colletotrichum gloeosporioides, causador da* antracnose da manga.

Ashoka (2005) referiu que o crescimento radial máximo de *Colletotrichum gloeosporioides* se verificou em ágar dextrose de batata (90,00 mm) e em ágar de Richard (90,00 mm) e foi igual ao do ágar de farinha de aveia (89,5 mm). Estes meios foram superiores a todos os outros. Obteve-se um crescimento radial mínimo do fungo no ágar de Ellitto (40,00 mm) e no ágar de Asthana e Hawker (44,50 mm).

Sudhakar (2000) registou que o crescimento radial máximo de *Colletotrichum gleosporiodes* foi registado em cinco meios (ágar Sabourd, ágar Richard, ágar Browns, ágar potao dextrose e ágar farinha de aveia), tendo o menor crescimento de colónias sido registado no meio "A" de Asthana e Hawker.

Khokde *et al.* (2000) referiram que o crescimento e a esporulação mais pronunciados de *Alternaria* no meio de Richards, seguidos do meio de ágar dextrose de batata, do meio de Czapeck e do meio de ágar de farinha de aveia, incitam à doença da mancha foliar da malagueta.

Maheshwari *et al.* (2001) testaram onze meios nutritivos para o crescimento e esporulação de *Alternaria* e registaram um crescimento máximo do fungo em ágar dextrose de batata seguido de ágar de farinha de aveia.

Singh *et al.* (2001) observaram que o meio de ágar dextrose de batata suportava melhor o crescimento micelial e a esporulação de *Alternaria alternata*, seguido do meio de Richard, do ágar dox de Czapeck e do meio de Asthana.

Rani e Murthy (2004) relataram que o crescimento radial máximo de *Colletotrichum gloeosporioides*, que causa a antracnose do caju, foi registado em meio de ágar de Richard (8,84 cm), meio de ágar de Brown

(8,76 cm) e meio de ágar de sacarose de batata (8,62 cm). Todos estes meios não diferiram de forma significativa. Foi registado um menor crescimento radial no meio de farinha de milho (3,16 cm). O meio de ágar de Richard foi considerado significativamente superior aos outros meios, registando uma esporulação abundante.

Pandey *et al.* (2006) estudaram o efeito de vários meios de cultura no crescimento, esporulação e variações morfológicas de *Alternaria* (fr.) Keissler. Dos 10 meios testados, o ágar dextrose de batata suportou o melhor crescimento micelial e a melhor esporulação do fungo testado, seguido do ágar de farinha de aveia, ágar de Richard, ágar de farinha de milho, ágar de extrato de folha hospedeira, ágar de Czapeck, ágar de extrato de malte, meio de Kirchhoff, ágar de Coon e meios de Asthana e Howker.

Stefaniak (2012) estudou o crescimento de *Phomopsis vexans* em diferentes meios. Verificou-se que os meios PDA e Czapek-Dox foram considerados os mais adequados para fins de diagnóstico, devido à formação de características macroscópicas e microscópicas nestes substratos.

WU Ren-feng *et al.* (2013) estudaram as características biológicas do agente patogénico *Phomopsis vexans*. O estudo mostrou que o meio de cultura ideal para o crescimento micelial era o ágar batata dextrose e o meio de aveia para a cultura de esporos.

2.5 Seleção de genótipos de brinjal

Thippeswamy *et al.* (2006) recolheram um total de 145 amostras de sementes de brinjal para o teste de patogenicidade para *Phomopsis vaxans* e verificaram que um a dez por cento das manchas apareciam em plântulas com um e dois meses de idade e 20-30 por cento em plântulas com três meses de idade.

Pandey *et al.* (2002) efectuaram uma experiência para avaliar 41 entradas de brinjal em condições epifitóticas naturais contra a doença de *Phomopsis* blight. Entre as 41 linhas avaliadas, nenhuma das entradas foi considerada resistente à podridão dos frutos. Duas variedades, *a saber*, Ramanagar giant e KS-233, mostraram resistência moderada e outras mostraram suscetibilidade. No entanto, tanto a DBR-91 como a brinjal baramasi registaram uma elevada suscetibilidade com uma intensidade de podridão dos frutos de 4,72/planta e uma percentagem de infeção dos frutos de 47,5% e 85%, respetivamente.

Sharmin *et al.* (2011) avaliaram a variabilidade molecular e a relação de parentesco de três progenitores e duas descendências F5 através da técnica RAPD para verificar a continuidade do carácter de resistência e o grau de homozigotia alcançado. Os resultados revelaram que a cultivar resistente à *phomopsis* BAU Begun-1, quando cruzada com duas cultivares - Dohazari G e Laffa, todas as plantas F1, F2, F3 e F4 apresentaram resistência.

Ibrahim *et al.* (2013) efectuaram a caraterização molecular de linhas F4 de plantas de beringela. O estudo revelou que a técnica de DNA polimórfico amplificado aleatório foi usada para avaliar a variação genética e a relação entre as cultivares parentais e suas progênies F4 de beringela. A amplificação com cinco primers decamer gerou 69,0% de bandas polimórficas. Foi observada uma distância genética comparativamente maior entre Laffa S e green globose (Dohazari G x BAU Begun- 1). O dendrograma construído a partir da distância genética de Nei produziu dois grupos principais, as cultivares parentais e seis linhas F4 formaram o grupo 1 e uma linha no grupo 2. As linhas F4 dos fenótipos testados mostraram uma reação semelhante à doença e dividiram-se no mesmo subgrupo. As cultivares-mãe foram diferentes em termos de reação à doença e, finalmente, divididas em dois grupos: as cultivares susceptíveis Laffa S e Dohazari G pertenceram ao grupo 1 e a cultivar resistente BAU Begun-1 formou outro grupo.

2.6 Avaliação *in vitro* de fungicidas, botânicos e agentes biológicos

2.6.1 Avaliação *in vitro* de fungicidas

Kalra e Sohi (1984) referiram que Thiram (0,05-0,2%), Dithane M-45 (Mancozeb 0,1-0,2%) e Difolatan (Captafol, 0,2%) inibiram completamente o crescimento da podridão do fruto do tomateiro causada por *Alternaria alternata*. Também observaram que os fungicidas sistémicos foram ineficazes, exceto a calixina (tridemorfo), contra a *Alternaria alternata*. Entre os fungicidas sistémicos, o carbendazim e o tiofanato metílico foram considerados eficazes no controlo das doenças causadas por *Alternaria* (Singh e Shukla, 1984).

Mathur e Shekhawat (1986) referiram que o oxicloreto de cobre e o mancozebe foram considerados eficazes contra *Alternaria solani*, agente causal do míldio do tomateiro.

Srinivasan e Gunashekaran (1998) efectuaram o ensaio *in vitro* de fungicidas contra fungos préponderantes da doença do apodrecimento das folhas dos coqueiros e referiram que contaf (hexaconozole) a 0,1, 0,15, 0,2 e 0,4 por cento de concentração inibiu completamente o crescimento micelial, indofil M-45 inibiu apenas até 88 por cento a 0,5 por cento.

Deshmukh *et al.* (1999) efectuaram estudos *in vitro* com dez fungicidas e referiram que a calda bordalesa (1 e 2 por cento), o oxicloreto de cobre (0,2-0,3%), o carbendazime (0,1-0,2%), o tiofanato metílico (0,1-0,2%) e o fosetil Al-(0,1-0,2%) foram eficazes na inibição do crescimento e da esporulação de *Colletrotrichum gleosporioides*.

Washanti e Barghava (2000) relataram que os fungicidas *viz.,* carbendazim (0,05-0,1%) mancozeb (0,2-0,25), tetrametiltiuram dissulfureto (0,25%) e benomyl (0,15%) mostraram inibição completa do crescimento de *Colletrotrichum dematium*.

Dubey *et al.* (2000) testaram nove fungicidas contra a *Alternaria, causadora do* míldio da fava, e referiram que o Blitox-50 inibiu o crescimento micelial máximo, seguido do Kavach e do Bavistin.

Kamble *et al.* (2000) testaram seis fungicidas contra a mancha foliar do tomateiro e do brinjal causada por *Alternaria* e observaram que o mancozebe foi considerado altamente eficaz na inibição do crescimento micelial, seguido do oxicloreto de cobre e da iprodiona a 1000, 2000 e 3000 ppm.

Ghosh *et al.* (2002) verificaram que o mancozeb (0,25%) e o carbendazim (0,1%) eram mais eficazes contra o crescimento micelial e a esporulação de *Alternaria in vitro*.

Patel e Joshi (2002) observaram que o carbendazim (Bavistin 50% WP), o tiofanato metílico (Topsin-M 75% WP), o propiconazol (Tilt 25% EC) a 250, 500 e 1000 ppm, o hexaconazol (Contaf 5% EC) a 750, 1000 e 1500 ppm e o triciclazol (Beam 75% EC) a 500 e 1000 ppm podiam provocar uma inibição de cem por cento da mancha foliar da curcuma causada por *Colletotrichum gloeosporioides*.

Singh e Rai (2003) realizaram uma experiência *in vitro* para determinar o efeito de indofil M-45, indofil Z-78, vitavax, benlate, thiram, karathane, calixin, ridomil, blue copper-50, biltox, plantvax e captan no crescimento de *Alternaria* causando a mancha foliar de *Alternaria em* brinjal, utilizando a técnica de alimentos envenenados. Os autores relataram que indofil M-45, indofil Z-78, vitavax e kavach estavam ao mesmo nível na inibição do crescimento de *Alternaria* (100%).

Suseela Bhai *et al.* (2003) efectuaram estudos *in vitro* utilizando diferentes fungicidas contra *Colletotrichum* spp. responsável pelo amarelecimento prematuro e pela queda das favas na baunilha, tendo demonstrado que o tiofanato metílico, mesmo a uma concentração muito baixa, *ou seja,* 100 ppm, é altamente inibidor do fungo, seguido do carbendazime (250 ppm) ou da mistura carbendazime+mancozebe a 2000 ppm.

Zhou *et al.* (2006) testaram oito fungicidas, *nomeadamente* procloraz, difenconazol, carbendazim, clorotalonil, mancozebe, hidróxido de cobre, iprodiona e oxadixil-mancozebe, para determinar a sua toxicidade contra a *Alternaria*, utilizando o método da zona de inibição, e indicaram que o complexo procloraz-cloreto de manganês e o difenconazol apresentavam a toxicidade mais elevada.

Thippeswamy *et al.* (2006) realizaram uma experiência na qual os fungicidas foram tratados em diferentes concentrações (0,05, 0,10, 0,15 e 0,20 por cento) e a micoflora foi registada. Os fungicidas sistémicos, *como o* carbendazim e a carboxina, e os fungicidas não sistémicos, *como o* mancozebe, o captaf e o dithane Z-78, foram seleccionados para o estudo. Entre os fungicidas testados pelo método SBM (Sterol biosynthesis Inhibition Method), o mancozeb, o carbendazim e o captaf foram considerados superiores na inibição dos agentes patogénicos das sementes e no aumento da germinação das sementes a uma concentração de 0,20 por cento.

Singh e Singh (2006) estudaram a eficácia de diferentes fungicidas, ou seja, hexaconazol a 1000, 500, 200, 100 e 50 ppm, mancozebe, oxicloreto de cobre, hidróxido de cobre, clorotalonil e propinebe a 2500, 2000, 1000, 500 e 250 ppm contra a *Alternaria in vitro*, utilizando técnicas de alimentos envenenados. Todos os fungicidas reduziram significativamente o crescimento radial do fungo. No entanto, o hexaconazol foi o fungicida mais eficaz, pois causou uma inibição de 100% do crescimento em todas as concentrações testadas.

Habib *et al.* (2007) estudaram a eficácia de quatro fungicidas (Topsin M, Benlate, Dithane M-45 e Captan) em três concentrações (10, 20 e 40 ppm) e concluíram que o captan teve um melhor desempenho contra a *Alternaria.*

Bochalya (2010) estudou a eficácia de cinco fungicidas, cada um em cinco concentrações diferentes, a *saber,* 50, 100, 250, 500 e 1000 ppm, testados *in vitro* pela técnica de alimentos envenenados contra o crescimento micelial e a esporulação de *Alternaria alternata.* Os resultados revelaram que, independentemente da concentração, o mancozebe provou ser o fungicida mais eficaz na inibição do crescimento micelial e da esporulação de *Alternaria alternata* (70,57%), seguido do oxicloreto de cobre (62,96%) e da iprodiona (58,49%), respetivamente. O carbendazim (28,67%) foi o menos eficaz na inibição do crescimento micelial e da esporulação do fungo, seguido do clorotalonil (46,21%).

Muneeshwar *et al.* (2012) efectuaram a avaliação *in vitro* de fungicidas contra o míldio foliar da brinjal e o agente patogénico da podridão dos frutos *Phomopsis vexans.* O carbendazim registou uma inibição de 100% de *P. vexans* em relação ao controlo a uma concentração de 1 ppm. O mancozebe registou 14,82, 20,93, 33,51, 37,60 e 48,33% de inibição do crescimento micelial de *P. vexans em relação ao controlo a* 10, 20, 30, 40 e 50 ppm, respetivamente. Entre as combinações de fungicidas, o carbendazim 12% + mancozeb 63% foi o mais eficaz.

Barhate *et al.* (2012) testaram a eficácia de oito fungicidas *in vitro* contra *Colletotrichum melongenae*, causador da podridão dos frutos da brinjal. Entre os oito fungicidas, o carbendazim (0,1%), o propiconazol (0,1%) e o hexaconazol (0,1%) foram considerados os mais eficazes, inibindo o crescimento de *Colletotrichum melongenae* em percentagem, seguidos do tiofanato metílico (0.1%), captan (0,25%), oxicloreto de cobre (0,25%), clorotalonil (0,25%) e mancozebe (0,25%) com 82,22, 80,56, 71,11, 70,0 e 32,22% de inibição do crescimento em relação ao controlo, respetivamente.

2.6.2 Avaliação *in vitro* de substâncias botânicas

As possibilidades de controlo das doenças das plantas através da integração de vários métodos têm sido objeto de investigação aprofundada. Um controlo integrado, que denota a utilização racional das medidas de controlo disponíveis, terá de ser considerado especialmente com culturas que são infectadas simultaneamente por vários tipos de agentes patogénicos; oferece a possibilidade de compensar as deficiências de qualquer método individual. A integração de produtos químicos, extractos de plantas, agentes bióticos e resistência para a gestão de doenças das plantas foi considerada uma nova abordagem, uma vez que requer uma baixa quantidade de produtos químicos, reduzindo o custo do controlo, bem como os riscos de poluição, com uma interferência mínima no equilíbrio biológico (Papavizas, 1973).

Shekhawar e Prasad (1971) relataram que os extractos de *Allium cepa* L., *Allium sativum* L., *Ocimum sanctum Land Mont., Metha piperata* L. e *Beta vulgaris* L. mostraram uma forte ação inibidora sobre *Alternaria tenuis*.

De acordo com Jetti *et al.* (1987), os extractos de folhas de *Polyalthia longifolia* L. inibiram o crescimento de *Colletotrichum gleosporiodes* em condições *in vitro*. Chuhan e Joshi (1990) observaram que o óleo de eucalipto, óleo de rícino, bolbo de alho, *Zingiber officinale,* curcuma e folhas de lantana controlavam significativamente a doença da atracnose da manga.

Singh *et al.* (1990) referiram que o Ajoene, um composto derivado do alho, inibia a germinação de esporos de alguns fungos, incluindo *Alternaria solani*, Alternaria *tenuissima*, *Alternaria triticina, Collectrichum, Curvularia* e *Fusarium* spp. que causam doenças graves em muitas plantas de culturas importantes na Índia. O extrato de cravo-da-índia revelou-se mais eficaz contra o crescimento micelial e a esporulação da *Alternaria* que causa a mancha foliar da papaia *in vitro* (Mistry, 1992).

Barros *et al.* (1995) testaram o efeito do extrato de alho contra a germinação e o crescimento micelial de *Alternaria* e *Alternaria longipes* a 250, 500, 1000, 2000, 5000 e 10000 ppm de concentrações e concluíram que o extrato de alho inibiu eficazmente o crescimento de ambas as espécies a 250 ppm e reduziu o diâmetro das colónias.

Ray e Punithalingam (1996) mostraram que a carburina e a quercetina isoladas de raízes de clerodendro inibiram a germinação de esporos de *Alternaria carthamii, Helminthosporium oryzae* e *Alternaria alternata* (Fries) Keissler e *Fusarium lini*.

Khaleduzzaman (1996) referiu que, de entre quatro extractos de plantas, o extrato de bolbo de alho foi o que melhor reduziu a prevalência de sementes nascidas e aumentou a percentagem de germinação de sementes de brinjal, seguido do gengibre, do Neem e do Biskatali

Chavan (1996) referiu que extractos de água com uma concentração de dez por cento de *Allium sativum, Azadirachta indica, Ocimum sanctum, Pongamia pinnata* e *Vitex negundo* suprimiram o crescimento micelial de *Colletotrichum gloeosporioides*, causador da antracnose, em 84,06, 76,22, 71,19, 64,22 e 61,25 por cento, respetivamente.

Shivapuri *et al.* (1997) verificaram que, entre dez extractos de plantas testados contra *C. capsici*, cinco extractos de plantas, *nomeadamente Azadirachta indica, Datura stramonium, Ocimum sanctum, Polyalthia longfolia* e *Vinca rosea,* foram considerados mais fungitóxicos.

Karade e Sawant (1999) testaram extractos de 12 plantas medicinais contra *Alternaria* e observaram uma inibição de 100 por cento da germinação de esporos pelo extrato de *Allium sativum*.

Singh e Majumdar (2001) testaram a eficácia de extractos de plantas, *nomeadamente Allium sativum, Allium cepa, Curcuma longa, Zingiber officinale, Azadirachta indica, Datura stramonium* e *Ocimum sanctum,* contra a *Alternaria* e concluíram que o extrato de *Allium sativum* apresentava uma gravidade mínima da doença, seguido de *Ocimum sanctum* e *Zingiber officinale*

Shirshikar (2002) descobriu que *Allium sativum* mostrou a melhor atividade fungicida com o seu extrato de bolbo a inibir totalmente o crescimento fúngico e a germinação de esporos de *Colletotrichum gloeosporioides* e *Botryodiplodia theobromae*. O extrato de folhas de *Ocimum sanctum, Gla ricidia maculata* e *Pongamia pinnata* L. também foram eficazes na redução da percentagem de germinação de esporos de *B. theobromae*, enquanto o extrato de folhas de *Pongamia pinnata* e *Catharanthus roseus* foram eficazes na redução da germinação de esporos de *Colletotrichum gloeosporioides*.

Raheja e Thakore (2002) referiram que os extractos de plantas medicinais como *Allium sativum* (cravinho), *Azadirachta indica* (folhas), *Mentha arvensis* (folhas) e *Psoralea corylifolia* (sementes) foram considerados mais eficazes para controlar o crescimento micelial de *C. gloeosporioides*, seguidos de *Curcuma longa* (rizomas), *Coentros sativum* (folhas) e *Lantana camera* (folhas e flores). Ashoka (2005) relatou que o neem foi considerado eficaz na inibição do crescimento micelial (50,45%) de *Colletotrichum gleosporiodes*.

Choudhary *et al.* (2003) estudaram a eficácia de extractos de folhas de *Eucalyptus globolus, Datura stramonium, Solanum xanthocarpum, Azadirachta indica, Lantana camera, Ricinus communis,* e *Lawsonia inermis*; extractos de bolbos de *Allium sativum, Allium cepa* e extractos de rizomas de *Zingiber officinale* no controlo do míldio da batateira causado por *Alternaria in vitro*. Os extractos de bolbo de *Allium sativum* registaram a maior inibição do agente patogénico (56,19%), seguidos dos extractos de bolbo de *Allium cepa* (54,27%). Prasad e Naik (2003) relataram que os extractos de alho e neem foram considerados mais eficazes contra *Alternaria solani* que causa o míldio foliar do tomateiro.

Alam (2005) testou 11 produtos botânicos para controlar a praga de *Phomopsis* e a podridão dos frutos da planta do ovo. Dos 11 produtos botânicos, o bolbo de alho (Allium sativum L.) e o extrato de folhas de allamanda (*Allamanda catherica L.*) revelaram-se promissores na detenção do crescimento micelial e na inibição da germinação de esporos de *Phomopsis vexans* in *vitro* e controlaram significativamente a praga de *Phomopsis* e a podridão dos frutos da planta do ovo no campo.

Gorawar e Hedge (2006) testaram as actividades antifúngicas de extractos de *Allium sativum, Azadirachta indica, Cassia occidentalis, Clerodendron inerme, Duranta repens, Ferula asafoetida, Lantana camera, Ocimum sanctum, Parthenium hysterophorus,* Tridax procumbens e *Vinca rosea* a 5 ou 10% de concentração contra *Alternaria* que causa o míldio foliar do açafrão-da-terra e observou que *Ferula asafoetida* a 10% foi a mais eficaz na inibição do agente patogénico, seguida do extrato de semente de *Azadirachta indica a* 10%.

Vadilal e Ebenezer (2006) registaram uma inibição máxima do crescimento micelial e da esporulação de *Alternaria solani* com extractos de *Acorus calamus* e uma inibição moderada com *Prosopis juliflora* e dente de alho.

Panchal e Patil (2009) testaram a eficácia de extractos de alho, curcuma e neem a uma concentração de 10% contra a *Alternaria in vitro* e referiram que o extrato de dente de alho se revelou altamente eficaz na redução da podridão de frutos de tomate por *Alternaria*, seguido do extrato de curcuma e neem.

Bochalya (2010) realizou um estudo sobre o efeito de extractos de plantas contra a *Alternaria*. Os resultados revelaram que o extrato de cravo de alho a uma concentração de 15 por cento se revelou mais eficaz, seguido do extrato de neem e de bolbo de cebola. O extrato de folhas de Vasaka foi considerado menos eficaz.

Das *et al.* (2014) efectuaram uma avaliação *in vitro* de diferentes extractos aquosos de folhas contra *Phomopsis vexans*, que causa a podridão dos frutos da brinjal. O estudo revelou que os extractos aquosos de folhas de *Azadirachta indica, Calotropic procera, Clerodendron spp,Croton sparsiflorous*, folha e semente de *Lantana camara*, folha de *Luffa cylidrica, Moringa oleifera*, folha e semente de *Putranjiva roxburghii*, folhas de *Salvadora persica, Senna alata, Trema orientales* e *Trichosanthes dioica* mostraram alguma potencialidade para inibir o crescimento de alguns fungos transmitidos por sementes *viz, Phomopsis vexans, Fusarium oxysporum, Aspergillus flavus, Aspergillus niger, Curvularia lunata* e *Penicillium* spp. Os extractos de folhas de *A. indica* e *P. roxburghii* proporcionaram o melhor controlo potencial contra todos os agentes patogénicos testados, com 4% de infeção das sementes, seguidos do extrato de folhas de *S. persica* e *C. procera*, que revelaram 5,33% de infeção das sementes contra os agentes patogénicos testados.

2.6.3 Avaliação *in vitro* de agentes de biocontrolo

Strashnov *et al.* (1985) registaram a eficácia de *Trichoderma harzianum* contra a podridão dos frutos do tomate causada por *Alternaria*. As estirpes antagonistas de *Trichoderma* da folha de alho mostraram um controlo de 45,7% e 87,7% de *Alternaria solani* através do método de placa de cultura dupla e filtrado tóxico, respetivamente (Sastrachidayat, 1995).

Salgado *et al.* (1998) verificaram que a estirpe cubana de *Trichoderma* era eficaz contra *Alternaria solani*, afectando tanto o crescimento micelial como o metabolismo de *Alternaria solani*.

Babu *et al.* (2000) referiram que *Trichoderma harzianum* e *Trichoderma viride* foram eficazes na inibição do crescimento micelial de *Alternaria solan i*, causador do míldio foliar do tomateiro.

Gud (2001) verificou que, entre sete antagonistas avaliados, *Trichoderma viride* (66,4%) revelou-se altamente antagónico contra *C. gloeosporioides*, seguido de *Gliocladium virens* (58,67%). A capacidade antagonista de *T. viride, T. harzianum, T. logidrachytum, Gliocladium virens, Aspergillus niger, Pseudomonas florescens* e *Bacillus subtilis* foi testada *in vitro* contra *Colletotrichum gloeosporioides*, causador de manchas foliares na curcuma, através da técnica de cultura dupla. Todos os bioagentes se revelaram inibidores do crescimento do agente patogénico. Na técnica de cultura dupla, foi registada uma inibição significativamente máxima em *T. viride* (66,40%). Abdul *et al.* (2001) relataram que *Trichoderma harzianum* e Nimokil 60 EC (produto de óleo de neem) foram eficazes *in vitro* na inibição do crescimento micelial de *Alternaria solani*.

Santha Kumari (2002) observou que os isolados T1 e T2 de *T. harzianum* e os isolados A1 e A2 de *Aspergillus niger* foram considerados eficazes na inibição do crescimento de *Colletotrichum gloeosporioides*, causador da antracnose da pimenta preta, em condições *in vitro*.

Kumar *et al.* (2006) avaliaram a eficácia de três antagonistas, *nomeadamente Trichoderma virens, Trichoderma harzianum* e *Trichoderma viride* contra *Alternaria alternta,* causadora da mancha foliar de *Alternaria em Vicia faba*, e observaram que *Trichoderma viride* era mais eficaz contra *Alternaria*.

Sharma *et al.* (2008) observaram que os agentes de biocontrolo de leveduras, ou seja, *Debaryomyces hansenii* e *Sporiodiobolus pararoseus,* foram os melhores na redução da incidência da podridão do núcleo do kinnow causada por *Alternaria alternata* .

Bochalya (2010) efectuou um estudo sobre o efeito de bioagentes contra *Alternaria sps.* O estudo revelou que *o Trichoderma viride* foi o antagonista mais eficaz contra a *Alternaria*, seguido do *Trichoderma harzianum*. *O Sporiodiobolus pararoseus* foi considerado o menos eficaz contra a *Alternaria alternata* na inibição da esporulação e do crescimento micelial.

Barhate *et al.* (2012) testaram a eficácia de sete bio-agentes (fúngicos e leveduras) *in vitro* contra *Colletotrichum melongenae*, causador da podridão do fruto da brinjal. Entre os sete bio-agentes testados, a estirpe de levedura *Saccharomyces* cervisae-2 registou a maior inibição de crescimento de 85,56%, seguida pela estirpe de levedura -I, *T. harzianum, T. longiforum, T. viride, T. hamatum e T. koningii* com 82,78, 75,00, 65,56, 53,89, 51,22 e 45,56% de inibição de crescimento em relação ao controlo, respetivamente.

Muneeshwar *et al.* (2012) realizaram a avaliação *in vitro* de agentes de biocontrolo contra o míldio da folha da brinjal e o agente patogénico da podridão dos frutos *Phomopsis vexans*. Entre os agentes de biocontrolo, *Trichoderma viride* (Tv-1), *T. virens* (Ts-1), *T. harzianum* (Th-1) e *T. viride* (JMU-24) superaram o patógeno, exibindo antagonismo.

2.7 Gestão do terreno

Panda *et al.* (1996) testaram a eficácia do extrato de folhas de *Polyalthia longifolia, Aegle mermelos, Azadirachcta indica, Catheranthus roseus, Ocimum sanctum* e *Allamanda cathertica* no controlo da praga de *Phomopsis* (causada por *Phomopsis vexans*). O extrato de folhas de *Allamanda cathertica* tinha um excelente potencial como fungicida.

Sas-Piotrowska e Dorszewski (1996) relataram que *Trichoderma koningii* foi considerado o antagonista mais eficaz, seguido por *Trichoderma viride* e *Trichoderma harzianum* contra *Alternaria. O* melhor controlo da doença *de Alternaria* no tomate foi conseguido por *Trichoderma harzianum* quando foi aplicado como pó nas sementes (Gromovikh *et al.*, 1998).

Yadav *et al.* (1998) relataram que três pulverizações de captaf (0,25%), blitox-50 (0,35%) e indofil m-45 (0,25%) com 20 dias de intervalo foram significativamente superiores a outros tratamentos na redução da severidade da doença causada por *Alternaria* spp. e no aumento da produção de brinjal em trilhas de microplantas.

Meah (2002) referiu que o Bavistin, um fungicida sistémico, tem sido utilizado para controlar um bom número de doenças da beringela, incluindo a podridão dos frutos, em todo o Bangladesh.

Meah *et al.* (2004) relataram que, entre 30 combinações de componentes do MIP, as sementes aparentemente saudáveis tratadas com *Trichoderma harzianum* formulado deram os resultados mais eficazes contra *Phomopsis vexans* no controlo do amortecimento, do tombamento e da podridão das plântulas no viveiro. Em condições de campo, o solo tratado com *Trichoderma harzianum formulado* combinado com a pulverização de extrato de alho/alamanda (1:1) controlou eficazmente a praga de *Phomopsis* e a podridão dos frutos da beringela.

Beura *et al.* (2008) estudaram a eficácia de seis fungicidas, tais como carbendazim (0,1%), mancozeb FP (0,3%), tebucanazole (0,05%), oxicloreto de cobre (0,3%) na gestão da praga de *Phomopsis* e da doença da podridão dos frutos em brinjal. A experiência revelou que quatro pulverizações de carbendazim 0,1% a intervalos de 10 dias no início da doença registaram de forma significativa a menor incidência de míldio (PDI-7,86%) e de podridão dos frutos (PDI-6,42), contribuindo com 74,33 e 78,10% de controlo da doença, respetivamente, em relação às parcelas de controlo. O tratamento também resultou num rendimento máximo de frutos (227,25q/ha), registando um aumento de 71,12% no rendimento em relação ao controlo, com uma relação custo-benefício máxima. Verificaram que o tebucanazol é o segundo melhor em termos de controlo de doenças (PDI-8,50%) e podridão dos frutos 10,94%).

Suman e Sujan (2012) realizaram uma experiência sobre a eficácia de vários fungitoxicantes isolados e em combinação contra o apodrecimento dos frutos de brinjal causado por *Phomopsis vexans, Fusarium moniliforme, Colletotrichum capsici* e *Phytophthora nicotianae* em condições *in vivo*. Os resultados revelaram que o desempenho do ridomil-MZ e do mancozebe (0,25%) isoladamente foi mais eficaz no controlo das infecções de podridão dos frutos em condições de campo. A combinação de fungicidas sistémicos com protectores permitiu obter um maior controlo da doença do que com fungicidas individuais.

Pani *et al.* (2013) efectuaram um ensaio de campo para a gestão do míldio de *Phomopsis* e da podridão dos frutos da brinjal causada por *Phomopsis vexans* através do tratamento de sementes com carboxina 37,5% + tirame 37,5% (Vitavax power) @ 2 g/kg e aplicação foliar de oxicloreto de cobre (Blitox-50) @ 0,3%. Foram comparados os parâmetros económicos e de doença, incluindo o rendimento. Foi revelado que os produtos químicos de proteção das plantas aumentaram a germinação das sementes em 21,18% e reduziram a mortalidade das plântulas, o míldio das plântulas e a infeção da podridão dos frutos em 90,25, 74,51 e 65,9%, respetivamente. A melhoria da germinação e a redução das infecções por doenças ajudaram a manter um rendimento 40,28% maior de brinjal com um retorno líquido maior de Rs. 26.513 por ha.

CAPÍTULO 3

3. MATERIAL E MÉTODOS

As presentes investigações intituladas **"ETIOLOGIA E GESTÃO DA RAIZ DA FRUTA DO BRINJAL CAUSADA POR** *Alternaria alternata* **,** *Colletotrichum melongenae* **E** *Phomopsis vexans.***"** foram realizadas no Departamento de Fitopatologia, Faculdade de Horticultura de Bagalkot, durante os anos 2013-14 e 2014-15. As experiências de campo foram realizadas em 2014-15 na quinta Haveli da Faculdade de Horticultura de Bagalkot, situada na zona de transição norte de Karnataka (que representa a zona agroclimatológica-7 de Karnataka) a 45^0 -14' de latitude norte e 45^0 15' de latitude leste. Situa-se a uma altitude de 750 metros acima do nível do mar e tem um clima tropical ameno. A precipitação média anual é de 450 mm, distribuída por um período de sete a oito meses (abril a novembro), com picos proeminentes em julho e outubro. Os meses mais quentes são março, abril, maio e junho, com uma temperatura máxima média de $36,0^0$ C e uma temperatura mínima média de $13,3^0$ C. A humidade relativa oscila entre 45,0 e 86,0 por cento. Os pormenores da experiência realizada e a metodologia adoptada na presente investigação são brevemente descritos a seguir.

3.1   Inquérito sobre a gravidade da doença no distrito de Bagalkot

O inquérito foi efectuado entre setembro e novembro de 2014 para observar a prevalência da podridão dos frutos na beringela. O inquérito foi efectuado em 5 taluks do distrito de Bagalkot, *nomeadamente* Badami, Bagalkot, Hunagunda, Jamakandi e Mudhol. Em cada taluk, foram seleccionadas cinco aldeias e, em cada aldeia, foram seleccionados dois campos de agricultores para registar as observações. A incidência e a gravidade da doença foram registadas por observação visual em três pontos diferentes de um único campo. Em cada ponto, foram avaliadas 30 amostras de podridão dos frutos para determinar a incidência e a gravidade da doença. A severidade em termos de Índice Percentual de Doença (PDI) foi registada nos frutos, classificando-os numa escala de 0-5, como indicado por Islam *et al.*, 1990 (quadro 1). A percentagem de infeção dos frutos e o índice de doença foram calculados pela fórmula seguinte.

$$\text{Per cent fruit infection} = \frac{\text{No. of fruits infected}}{\text{Total no of fruits counted}} \times 100$$

$$\text{Per cent disease index} = \frac{\text{Sum of the individual disease ratings}}{\text{Number of samples} \times \text{Maximum disease grade}} \times 100$$

Quadro 1. Escala de classificação da podridão dos frutos da brinjal (Islam *et al.*, 1990)

Sl. No	Grade	Description
1	0	0% infection on fruit
2	1	1-10% infection on fruit
3	2	10-15% infection on fruit
4	3	15-30% infection on fruit
5	4	30-40% infection on fruit
6	5	50% infection on fruit

3.2 Procedimentos laboratoriais gerais

3.2.1 Limpeza do material de vidro

Para todos os estudos experimentais laboratoriais, foram utilizados objectos de vidro Borosil e Corning. O material de vidro foi limpo segundo o método laboratorial habitual. Os objectos de vidro foram mantidos numa solução de limpeza contendo 60 g de dicromato de potássio (K2Cr2O7), 60 ml de ácido sulfúrico concentrado (H2SO4) num litro de água e limpos com sabão em pó, enxaguados duas vezes em água destilada e secos ao ar.

3.2.2 Esterilização

Todo o material de vidro foi esterilizado num autoclave a 1,1 kg por cm^2 de pressão durante 20 minutos e mantido num forno de ar quente a 60°C. Os meios de cultura utilizados foram esterilizados a 1,1 kg por cm2 de pressão durante 15 minutos.

3.2.3 Preparação do ágar dextrose de batata (PDA)

Na maioria dos estudos experimentais, foi utilizado o meio de ágar dextrose de batata (PDA). O ágar dextrose de batata foi preparado dissolvendo 39,00 g de mistura de PDA pronta da HIMEDIA em 1000 ml de água e esterilizada.

3.2.4 Origem das amostras de podridão dos frutos

Em Karnataka, especialmente na zona seca do norte, a podridão dos frutos ocorre regularmente na cultura de brinjais. Bagalkot é um local ideal para a infeção intensa da podridão dos frutos, de onde foi recolhida a maior parte dos materiais para este estudo.

3.3   Isolamento

Para o isolamento dos agentes patogénicos, cortou-se uma pequena porção de tecido doente, juntamente com uma porção de fruto saudável, com a ajuda de um bisturi esterilizado e esterilizou-se a superfície em solução de cloreto de mercúrio a 0,1% durante 30 segundos, seguido de lavagem repetida em água destilada esterilizada durante 4-5 vezes para remover os vestígios de cloreto de mercúrio. Em seguida, a amostra foi seca em papel absorvente e transferida para meio de ágar dextrose de batata (PDA) a 2% em placas de Petri, de forma asséptica, e incubada a 25± 2°C. As culturas foram purificadas pelo método de esporo único em PDA e conservadas no frigorífico a uma temperatura de 4°C.

3.3.1   Isolamento de um único esporo

Deitaram-se dez ml de ágar-água filtrado a dois por cento em placas de Petri esterilizadas e deixou-se solidificar. Preparou-se uma suspensão diluída de esporos em água destilada estéril a partir de uma cultura com 15 dias. Um ml dessa suspensão foi espalhado uniformemente nas placas de ágar. Estas placas foram incubadas a 27±1°C durante 12 horas. Em seguida, as placas foram examinadas ao microscópio de modo a localizar um único esporo bem isolado. O mesmo foi marcado com tinta na superfície inferior das placas. O esporo, juntamente com um pouco de meio, foi cortado com uma broca de cortiça esterilizada e transferido assepticamente para a placa de Petri contendo PDA. O disco foi colocado no centro da placa, de forma a que o esporo entrasse em contacto com o meio nutriente.

As culturas puras, assim obtidas, foram mantidas em placas de PDA para estudos posteriores. Um conjunto de cada cultura foi mantido como conjunto mãe e original e foi mantido no congelador após subcultura uma vez em 15 dias. Outro conjunto foi mantido como conjunto de trabalho para a realização de diferentes experiências.

3.3.2   Prova de patogenecidade

Para confirmar a identidade dos agentes patogénicos isolados, foram efectuados testes de patogenicidade com frutos da mesma idade de uma variedade altamente suscetível (Linha -26). Frutos aparentemente saudáveis foram retirados das plantas, lavados com água destilada esterilizada e colocados em dessecadores. A suspensão de esporos foi feita a partir de culturas com 7 dias de idade com água destilada esterilizada e diluída para 250-500 esporos por campo microscópico. Os frutos foram inoculados com a suspensão de esporos de diferentes agentes patogénicos pelo método da picada de alfinete e incubados a uma temperatura de 25±2°C e H.R. >90% e examinados regularmente para o aparecimento de sintomas característicos da doença. A parte do fruto que apresentava o sintoma caraterístico foi retirada e o agente patogénico foi reisolado seguindo o método padrão de isolamento de tecidos. As culturas reisoladas foram novamente comparadas com a cultura original no que respeita aos caracteres morfológicos e culturais da cultura original. As lâminas temporárias e permanentes dos agentes patogénicos foram preparadas no laboratório. Os agentes patogénicos foram mantidos sob a forma de cultura pura permanente para estudos fisiológicos e culturais posteriores.

3.4   Identificação

A identificação do fungo foi feita depois de examinar duzentos conídios ao microscópio (10X) a partir de uma cultura pura e madura do fungo obtida a partir dos frutos infectados de brinjal. Utilizaram-se o microscópio de fase e o microscópio ocular para medir o comprimento, a largura, o comprimento do bico e o número de septos dos fungos isolados (*Alternaria, Phomopsis, Colletotrichum*). Foram registados o comprimento e a largura médios do corpo conidial, do bico e do número de septos. A observação foi comparada com as medidas padrão registadas por Ellis (1971) e Edgerton (1921) para identificar o agente patogénico. Para a confirmação do agente patogénico, as culturas foram enviadas para o laboratório de investigação Agarkhar de Pune e os agentes patogénicos isolados foram *Alternaria alternata* , *Phomopsis vexans* e *Colletotrichum melongenae.*

3.5   Estudos fisio-patológicos

Todo o material de vidro foi cuidadosamente lavado e enxaguado com água destilada. Foram utilizados produtos químicos de qualidade HIMEDIA. Foram preparados diferentes meios sintéticos e semi-sintéticos pesando os diferentes constituintes de cada meio e adicionando 17 g de pó de ágar e água destilada para perfazer o volume de 1000 ml. Os meios são autoclavados a uma temperatura de 121^0 C e a uma pressão de 15 lbs kg/cm^2 durante 45 minutos. Deitaram-se cerca de 20 ml de meio de ágar em cada placa de Petri. Cada placa de Petri foi inoculada com um disco de 5 mm de tapete micelial retirado de uma cultura de fungos com 7 dias de idade e incubada a 25 ± 10^0 C durante 7 dias.

3.5.1   Efeito de meios sólidos no crescimento micelial e na esporulação de *Alternaria alternata, Phomopsis vexans e Colletotrichum melongenae*

Para descobrir o meio adequado para o crescimento e a esporulação do fungo, foram utilizados nove meios sólidos, *nomeadamente o* ágar de Asthana e Hawker, o ágar de farinha de milho, o ágar dox de Czapeck, o ágar de farinha de aveia, o ágar de dextrose de batata, o ágar de Richards, o ágar de Sabaroud e o ágar de Walk's man, o ágar de malte, para estudos *in vitro*. As placas inoculadas foram incubadas a $25\pm1^\circ$ C e as observações sobre o crescimento micelial (radial) e a esporulação foram registadas aos 7th e 12th dias após a incubação. O melhor meio sólido foi utilizado para estudos posteriores. O crescimento em diferentes meios sólidos foi determinado medindo o diâmetro da colónia ao longo das duas diagonais que passam pelo centro da colónia, excluindo o diâmetro inicial (5 mm) da broca, e a esporulação foi registada utilizando um hemocitómetro.

3.5.2 A composição dos vários meios sólidos utilizados no presente estudo é a seguinte

Ágar dextrose de batata

1. . Infusão de batatas de 200 g
2. Dextrose 20 g
3. Ágar-ágar 15 g
4. Água destilada 1000 ml

Agar de farinha de milho

1. Ágar-ágar 20 g
2. Glucose 20 g
3. Farinha de milho 20 g
4. Água destilada 1000 ml

Ágar farinha de aveia

1. Ágar-ágar 20 g
2. Glucose 20 g
3. Farinha de aveia 20 g
4. Água destilada 1000 ml

Ágar Czepecks dox

1. Ágar-ágar 15 g
2. Fosfato dipotássico 1 g
3. Sulfato ferroso 0,01 g
4. Sulfato de magnésio 0,5 g
5. Cloreto de potássio 0,5 g
6. Nitrato de sódio 2 g
7. Sacarose 30 g
8. Água destilada 1000 ml

O meio de Richard

1. Ágar-ágar 15 g
2. Cloreto férrico 0,02 g
3. Sulfato de magnésio 2,5 g
4. Di-hidrogenofosfato de potássio 5 g
5. Nitrato de potássio 10 g
6. Sacarose 50 g
7. Água destilada 1000 ml

Meio de ágar Asthana e Hawkers

1. Ágar-ágar 20 g
2. Sulfato de magnésio 0,75 g
3. Nitrato de potássio 0,35 g
4. Di-hidrogenofosfato de potássio 1,75 g
5. Glucose 20 g
6. Água destilada 1000 ml

Meio de ágar de Sabaraoud

1. Ágar-ágar 20 g
2. Neopeptona 10 g
3. Dextrose 40 g
4. Água destilada 1000 ml

Médio Waksman

1. Ágar-ágar 20 g
2. Glucose 10 g
3. Peptona 5 g
4. Di-hidrogenofosfato de potássio 1 g
5. Sulfato de magnésio 0,5 g
6. Água destilada 1000 ml

Ágar de extrato de malte

1 Extrato de malte 25 gm
2 Ágar-ágar 20 g
3 Água destilada 1000 ml

3.6 Seleção de linhas de brinjal contra a podridão dos frutos

A experiência de seleção de 60 linhas de brinjal contra a podridão dos frutos foi realizada na quinta Haveli da Faculdade de Horticultura de Bagalkot, sob infeção natural. As plântulas foram cultivadas em tabuleiros de plástico na estufa com cuidados e gestão adequados. Foi selecionada uma parcela de terreno de altura média com um bom sistema de drenagem. O campo foi preparado por lavoura e gradagem. Durante a preparação do campo, foram aplicados fertilizantes e adubos nas doses recomendadas (Anon, 1997). Mudas de 30 dias de idade foram transplantadas para o campo e regadas adequadamente. As linhas foram plantadas na linha única de 6m em duas repetições, juntamente com a linha suscetível disponível (linha no-26) entre cada 5 linhas. Foram plantadas cinco plântulas de cada linha com um espaçamento de 60x60 cm e cada linha foi reproduzida duas vezes. As observações foram registadas através do rastreio das linhas em condições naturais de pressão da doença. As linhas foram classificadas

de acordo com as escalas de 0 a 5 sugeridas por (Islam *et al.*, 1990) e, finalmente, foi calculado o IDP. Sessenta genótipos/linhas foram avaliados em condições de campo para conhecer a sua reação à doença contra a podridão dos frutos da brinjal. O índice de doença por cento foi calculado como descrito no quadro 8. Além disso, as variedades foram colocadas em diferentes categorias de resistência e suscetibilidade com base no método apresentado por Pathak *et al.* (1986). Entre os sessenta genótipos analisados, foram seleccionadas 22 linhas como amostras representativas, com base nas diferentes reacções às doenças. As amostras de folhas foram colhidas das 22 linhas representativas, ensacadas separadamente em sacos de polietileno e levadas para o laboratório, limpas em água corrente da torneira e secas ao ar, sendo depois armazenadas no frigorífico para posterior análise RAPD. Os pormenores das linhas analisadas e as suas principais características são descritos a seguir.

3.6.1 Impressão digital RAPD-PCR de germoplasma de brinjal contra a podridão dos frutos

As linhas de germoplasma foram caracterizadas no que respeita à sua resistência à podridão dos frutos, utilizando primers RAPD de decifração para a impressão digital dos genótipos. Foram utilizados os 22 germoplasmas representativos pertencentes a diferentes categorias de reação, ou seja, linhas resistentes, moderadamente resistentes e moderadamente susceptíveis. O padrão de bandas polimórficas foi obtido para analisar e caraterizar as linhas de germoplasma testadas com base na sua relação genética.

3.6.2 Extração, purificação e quantificação do ADN

O ADN genómico foi extraído das folhas das diferentes linhas de brinjal pelo método CTAB, de acordo com Murray e Thompson (1980), com algumas modificações para eliminar os fenólicos. De cada cultivar, 1 g de folhas foi triturado em azoto líquido até obter um pó fino num almofariz previamente arrefecido e transferido para um tubo de centrifugação de 30 ml com 10 ml de tampão de extração de ADN contendo cloreto de Tris 0.1 M de cloreto de Tris (pH 8,0), 0,02 M de EDTA (pH 8,0), 1,4 M de NaCl, 2% de CTAB (p/v), 2% de polivinilpirrolidona (p/v) e 0,2% de b-mercaptoetanol (v/v) e incubados num banho de água a 65° C durante 60 min. Os tubos foram arrefecidos à temperatura ambiente e foi adicionada uma quantidade igual de clorofórmio: álcool isoamílico (24:1), misturados cuidadosamente por inversão suave e finalmente centrifugados a 10 000 rpm durante 15 min a 20° C. A camada aquosa superior foi transferida para um novo tubo de centrifugação esterilizado e 5^1 vol de

Quadro 2. Características salientes das linhas de germoplasma seleccionadas contra a podridão dos frutos

Sl. No	Lines	Genotypes	Salient features
1.	CBB-1	Malapur local	Fruits purple with green stripes, oblong
2.	CBB-2	$K_{12}D_{10}$ 35-1	Fruits white with broad light purple stripes, ovoid
3.	CBB-3	$K_{12}D_{10}$ 12-6	Fruits light purple with narrow white stripes, obovoid
4.	CBB-4	$K_{12}D_{10}$ 77-3	Fruits are glossy violet, oblong
5.	CBB-5	$K_{12}D_{10}$ 75-2	Fruits purple with narrow white stripes, ovoid
6.	CO-2	------	Fruits glossy purple with narrow white stripes
7.	CBB-6	Melavanki local	Fruits green with white patches, globular
8.	CBB-7	$K_{12}D_{10}$ 21-5	Fruits dull purple with, obovate
9.	CBB-8	Bijapur Local-1	Fruits green with purple, obovate
10.	CBB-9	$K_{12}D_{10}$ 39-1	Fruits glossy violet with narrow white stripes, obovate
11.	CBB-10	$K_{12}D_{10}$ 87-2	Fruits green with prominent ridges, round
12.	CBB-11	$K_{12}D_{10}$ 52-1	Fruits purple with narrow white stripes, ovoid
13.	CBB-12	$K_{12}D_{10}$ 32-5	Fruits dull purple with pinkish purple patches, ovoid
14.	CBB-13	$K_{12}D_{10}$ 97-3	Fruits purple black and white patches, ovoid
15.	CBB-14	$K_{12}D_{10}$ 104-1	Fruits green with white patches, ovoid
16.	CBB-15	$K_{12}D_{10}$ 36-3	Fruits light purple, ovoid
17.	CBB-16	$K_{12}D_{10}$ 116-6	Fruits purple with narrow white stripes, ovoid
18.	CBB-17	$K_{12}D_{10}$ 118-4	Fruits green obovate
19.	CBB-18	$K_{12}D_{10}$ 69-1	Fruits green with white patches, obovate
20.	CBB-19	$K_{12}D_{10}$ 96-2	Fruits purple with narrow white stripes, obovate
21.	CBB-20	$K_{12}D_{10}$ 75-3	Fruits green with white patches, round
22.	CBB-21	$K_{12}D_{10}$ 38-5	Fruits green with white patches, ovoid
23.	CBB-22	$K_{12}D_{10}$ 129-4	Fruits green with white patches, ovoid
24.	CBB-23	$K_{12}D_{10}$ 19-1	Fruits green with white patches, obovate
25.	CBB-24	R-2583	Fruits light green, ellipsoïde
26.	CBB-25	$K_{12}D_{10}$ 81-3	Fruits purple with narrow white stripes, ovoid
27.	CBB-26	$K_{12}D_{10}$ 2-3	Fruits green with white patches, obovate
28.	CBB-27	R-2584	Fruits green with white patches, globular
29.	CBB-28	R-2582	Fruits light sky blue, ellipsoid
30.	CBB-29	$K_{12}D_{10}$ 33-4	Fruits purple with narrow white stripes, ovoid
31.	CBB-30	R-2585	Fruits green with white patches, globular
32.	CBB-31	$K_{12}D_{10}$ 19-1	Fruits green with white patches, round

Contd.....

Sl. No	Lines	Genotypes	Salient features
33.	CBB-32	$K_{12}D_{10}$ 36-1	Fruits purple with narrow white stripes, ovoid
34.	CBB-33	$K_{12}D_{10}$ 128-1	Fruits green with white patches, obovate
35.	CBB-34	R-2590	Fruits green, obovate
36.	CBB-35	$K_{12}D_{10}$ 2-7	Fruits green with white patches, ovoid
37.	CBB-36	R-2594	Fruits white, ovoid
38.	CBB-37	$K_{12}D_{10}$ 8-2	Fruits purple with narrow green stripes, obovate
39.	CBB-38	R-2591	Fruits green, obovate
40.	CBB-39	$K_{12}D_{10}$ 123-2	Fruits green with white patches, pear
41.	CBB-40	$K_{12}D_{10}$ 71-8	Fruits purple, round
42.	CBB-41	$K_{12}D_{10}$ 86-2	Fruits green with white patches, globular
43.	CBB-42	$K_{12}D_{10}$ 32-4	Fruits purple with narrow white stripes, ovoid
44.	CBB-43	$K_{12}D_{10}$ 80-2	Fruits purple with narrow white stripes, ovoid
45.	CBB-44	$K_{12}D_{10}$ 114-1	Fruits white with narrow purple stripes, ovoid
46.	CBB-45	Sokanadigi Local	Fruits purple with white stripes, round
47.	CBB-46	$K_{12}D_{10}$ 11-5	Fruits green with white patches, round
48.	CBB-47	$K_{12}D_{10}$ 54-1	Fruits purple with pink purple patches, globular
49.	CBB-48	$K_{12}D_{10}$ 83-3	Fruits purple with narrow white stripes, obovate
50.	CBB-49	$K_{12}D_{10}$ 26-1	Fruits green, round
51.	CBB-50	$K_{12}D_{10}$ 38-4	Fruits green, obovate
52.	CBB-51	R-2580	Fruits whitish purple, obovate
53.	CBB-52	$K_{12}D_{10}$ 106-1	Fruits green with white patches, round
54.	CBB-53	L-3267	Fruits green, club
55.	CBB-54	R-2592	Fruits light purple, globular
56.	CBB-55	$K_{12}D_{10}$ 28-5	Fruits purple, globular
57.	CBB-56	R-2587	Fruits purple, pear
58.	CBB-57	R-2586	Fruits whitish purple, obovate
59.	CBB-58	$K_{12}D_{10}$ 105-1	Fruits green with white patches, ovoid
60.	CBB-59	R-2589	Fruits purple, globular

Foi adicionado isopropanol e incubado durante a noite a -20° C. Os tubos foram centrifugados a 10 000 rpm durante 15 minutos a 4° C e o sedimento foi lavado com etanol a 70%, seco ao ar e dissolvido em tampão TAE 200 ^1 e armazenado a 4 oC. Para a purificação do ADN, adicionou-se 3^1 RNase (10 mg/ml) ao ADN total isolado (200^{ll}) e incubou-se a 37° C durante 60 min. Foi adicionado um volume igual de fenol: clorofórmio: álcool isoamílico (25:24:1) e misturado suavemente. Os tubos foram centrifugados a 10 000 rpm durante 5 minutos e a camada aquosa foi transferida para um novo tubo eppendorf, tendo sido adicionado 1/10 de volume de acetato de sódio (3 M, pH 5,2) e um volume duplo de etanol absoluto refrigerado. Após 30 minutos, a mistura foi centrifugada a 10 000 rpm durante 5 minutos e, finalmente, o sedimento foi lavado com etanol a

70%, seco e dissolvido em tampão TE 50X. Para a quantificação do ADN genómico, a absorvância das amostras de ADN foi medida a 260 nm num Nano Drop 1000 (Thermo Scientific). Após a quantificação, a qualidade do ADN purificado foi analisada num gel de agarose a 0,7% (p/v).

3.6.3 Reação em cadeia da polimerase

Foi testado um total de 34 oligonucleótidos de decâmero de sequência arbitrária para amplificação por PCR. Entre eles, foram utilizados 13 iniciadores RAPD para o estudo do polimorfismo. O ensaio RAPD foi efectuado em frascos de PCR de 0,2 ml contendo tampão de reação 25, mistura de dNTPs 200 $^{\wedge}$M, iniciador 0,4 $^{\wedge}$1, modelo de ADN 50 ng, polimerase de ADN Taq 1 U e água destilada estéril até um volume final de 25 micro litros. O conteúdo foi misturado suavemente por centrifugação durante alguns segundos. A amplificação por PCR foi efectuada com um termociclador (Eppendorf, Alemanha). A amplificação normalizada foi efectuada com uma desnaturação inicial a 94° C durante 4 minutos, seguida de 40 ciclos de desnaturação a 94° C durante 30 segundos; recozimento do iniciador com base na Tm durante 1 minuto; extensão do iniciador a 72° C durante 2 minutos e extensão final do iniciador a 72° C durante 10 minutos. Os produtos amplificados da reação em cadeia da polimerase foram analisados por eletroforese em gel de agarose utilizando agarose a 1,5% em tampão TAE 19X. Os tamanhos dos amplicons foram medidos com uma escada de ADN de 5 kb. Os respectivos géis foram corados com brometo de etídio a 10 ppm, seguido de captura de imagens utilizando um sistema de documentação de gel (Herolab, Alemanha). O procedimento foi repetido duas vezes para cada conjunto de ADN e os iniciadores reprodutíveis foram submetidos a uma análise de parentesco genético.

Tabela 3. Primers utilizados para as análises RAPD

Sl. No	Primers	Sl. No	Primers
1	RAPD-1	13	OPA-AC-07
2	OPB-04	14	OPA-11
3	OPJ-10	15	OPA-14
4	OPM-16	16	OPB-07
5	OPJ-06	17	OPC-06
6	RAPD-11	18	OPC-03
7	OPB-03	19	C-20
8	RAPD-03	20	RAPD-07
9	OPD-16	21	OPB-03
10	OPJ-05	22	OPB-17
11	OPJ-04	23	OPC-20
12	OPA-06	24	OPE-AC-07

3.6.4 Descrições dos reagentes, produtos químicos e iniciadores utilizados na extração de ADN genómico e nas análises RAPD

Os pormenores relativos aos reagentes, produtos químicos e iniciadores utilizados para a extração de ADN genómico e as análises RAPD são apresentados a seguir.

1. Reagente

Para um volume de 500 ml,

NaEDTA 3,7224 g

Tris HCl 6,0550 g

NaCl 40,9080 g

CTAB 10,0000 g

E o CTAB foi dissolvido por aquecimento a 60° C e armazenado a 37° C (*Autoclave*). 0,5% - mercaptoetanol adicionado imediatamente antes da utilização

2. Clorofórmio: Álcool isoamílico: 24:1 v/v

3. 5 M NaCl (*Autoclave*)

4. Tampão TE: 10 mM Tris HCl e 1 mM EDTA preparados e misturados. O pH foi ajustado para 8,0 para um volume de 250 ml.

Tris HCl 0,3025 g

NaEDTA 0,0931 g (*Autoclave*)

5. **Acetato de amónio 7,5 M:** pH 7,7 (*Autoclave*)

6. **Solução de lavagem:** etanol a 70% v/v; refrigerado

7. **Álcool:** 95% armazenado a -20 °C

8. **Álcool absoluto:** conservado a -20 °C

9. **RNAase:** (10 mg/ml) RNAase dissolvida em Tris HCl 10 mM + NaCl 15 mM pH 7,5. Ferver durante 5 minutos e arrefecer à temperatura ambiente.

10. **PVPP** (Pó de polivinilpirrolidona)

11. **Tampão TBE/tampão TAE** (solução-mãe*)*
    a. 50X TAE em 500 ml de água 10X TBE em 500 ml de água.
    b. 242,0 g de base Tris 54,0 g de base Tris 57,1 ml de ácido acético glacial 27,5 g de ácido bórico.
    c. 100 ml de EDTA 0,5 M (pH 7,0) 7,44 g de EDTA (pH 8,0) ou 20 ml de EDTA 50 mM (*Autoclave*)
       Solução de trabalho: Diluir 10 vezes a solução de reserva *1X*.

12. **Azul de bromofenol:** *Solução de reserva:* 0,25% em glicerol a 50%

13. **Brometo de etídio:** 10 mg/ml

3.6.5 Análise dos dados

Os vários tamanhos dos produtos amplificados foram classificados quanto à presença (1) ou ausência (0) nos vinte e dois genótipos para gerar uma matriz binária. Os dados da matriz binária foram analisados pelo software NTSYS-pc, versão 2.11w, para calcular o coeficiente de similaridade de Jaccard. A similaridade genética entre as cultivares foi calculada de acordo com o coeficiente de similaridade de Jaccard (Jaccard 1980). O programa informático WINBOOT foi utilizado para determinar a robustez do dendrograma, com 2.000 replicações, juntamente com o coeficiente de Jaccard (Yap e Nelson 1996). A percentagem de polimorfismo foi calculada para cada combinação de iniciadores de acordo com a fórmula seguinte.

$$\% \text{ Polimorfismo} = p \, / \, (m{+}p),$$

Onde, p é o número total de bandas polimórficas e m é o número total de bandas monomórficas da combinação de iniciadores

3.7.1 Avaliação *in vitro* de fungicidas

Foi determinada a eficácia de 5 fungicidas sistémicos na concentração de 0,25, 0,5, 0,75 e 1 por cento e de três fungicidas não sistémicos na concentração de 0,25, 0,5, 0,75 e 1 por cento. A avaliação dos fungicidas baseou-se na consideração do ingrediente ativo.

A quantidade necessária de cada fungicida foi adicionada separadamente ao PDA fundido esterilizado, de modo a obter a concentração desejada dos fungicidas. Posteriormente, 20 ml de

Quadro 4. Fungicidas utilizados no estudo *in vitro*

Sl. No.	Common name	Chemical name	Trade name
Systemic fungicides			
1	Carbendazim	Methyl 1-2-benzimidazole carbomate	Bavistin 50WP
2	Difenconazole	Triazole	Score 25 EC
3	Hexaconazole	(RS)-2-(2,4-dichlorophenyl)-1-(1H-12,4-triazol-1-yl) hexan-2-ol	Contaf 5 EC
4	Propiconazole	1-(2-(2,4 dichlorophenyl)-4-propyl-1,3-dioxolan-2yl) mythyl)-1H-1,2,4-triazole	Tilt 25 EC
5.	Tebuconazole	1-(4-Chlorophenyl)-4,4-dimethyl-3-(1H,1,2,4-triazol-1-ylmethyl)pentan- 3-ol	Folicur 26 EC
Non-systemic fungicides			
1	Captaf	N(1,12,2,tetrachloroenc-1-2-dicorboximide)	Difoltan 25 WP
2	Copper oxychloride	Copper oxychloride	Blitox 50 WP
3	Chlorothalonil	2,4,5,6-Tetrachloroisophthalonitrile	Kavach 75 WP

O meio dia envenenado foi vertido em placas de Petri esterilizadas. Discos de micélio de cinco mm de diâmetro de uma cultura do fungo com sete dias de idade foram cortados com uma broca de cortiça esterilizada e um desses discos foi colocado no centro de cada placa. O PDA sem qualquer fungicida serviu de controlo. Foram efectuadas três repetições para cada concentração. As placas foram incubadas à temperatura ambiente durante sete dias e o crescimento radial foi medido quando o fungo atingiu o crescimento máximo nas placas de controlo. A eficácia dos fungicidas foi expressa em percentagem de inibição do crescimento micelial em relação ao controlo, que foi calculada utilizando a fórmula de Vincent (1927).

$$\text{Per cent inhibition (I)} = \frac{C - T}{C} \times 100$$

Onde,

I = Percentagem de inibição

C = Crescimento do controlo

T = Crescimento no tratamento

3.7.2 Avaliação *in vitro* de substâncias botânicas

Foi realizada uma experiência para avaliar os extractos de plantas de sete espécies de plantas quanto à sua natureza fungicida, se for caso disso, contra os agentes patogénicos que causam a podridão dos frutos de brinjal. Os pormenores das espécies de plantas utilizadas no estudo são os seguintes

Tabela 5. Substâncias botânicas utilizadas na avaliação *in vitro*.

Sl. No	Common name	Botanical name	Parts used
1	Clerodendron	*Clerodendron inermae*	Leaves
2	Garlic	*Allium sativum*	Cloves
3	Kokum	*Garcinia indica*	Fruit
4	Lantana	*Lantana camera*	Leaves
5	Neem	*Azadirachta indica*	Kernel
6	Onion	*Allium cepa*	Bulb
7	Turmeric	*Curcuma longa*	Rhizome

As amostras frescas foram lavadas em água da torneira e, finalmente, lavadas três vezes com água destilada esterilizada. Foram esmagadas num pilão e almofariz esterilizados, adicionando uma pequena quantidade de álcool (1:1 p/v), apenas o suficiente para humedecer as amostras, de modo a facilitar a sua trituração. Os extractos foram coados através de duas camadas de pano de musselina. Finalmente, os filtrados assim obtidos das folhas foram utilizados como solução de reserva (Begum e Bhuiyan, 2006).

Para estudar o mecanismo antifúngico dos extractos de plantas, seguiu-se a técnica do alimento envenenado, tal como sugerido por Nene e Thapliyal (1982). Para o efeito, misturaram-se 5 e 10 ml de soluções-mãe com 95 e 90 ml de meio de ágar batata dextrose esterilizado e fundido, respetivamente, de modo a obter uma concentração de 5 e 10 por cento. O meio foi agitado cuidadosamente para uma mistura uniforme do extrato da planta.

Cerca de 20 ml de meio foram vertidos em cada uma das placas de Petri esterilizadas de 90 mm. Cada placa foi semeada com discos miceliais de 5 mm retirados assepticamente da periferia de uma cultura com 7 dias e incubada a 27±1°C até o crescimento da colónia atingir o máximo na placa de controlo. Foram mantidas três réplicas para cada tratamento. Foram mantidas placas de controlo adequadas. Foi registado o diâmetro médio das colónias em cada caso. A eficácia dos produtos botânicos foi expressa em percentagem de inibição do crescimento micelial em relação ao controlo, que foi calculada utilizando a fórmula dada por Vincent (1927).

3.7.3 Avaliação *in vitro* de bio-agentes

Os bioagentes foram avaliados quanto à sua eficácia através da técnica de cultura dupla. Vinte ml de meio de ágar batata dextrose esterilizado e arrefecido foram vertidos em placas de Petri esterilizadas. Os antagonistas fúngicos foram avaliados através da inoculação de um agente patogénico num dos lados da placa de Petri e do antagonista exatamente no lado oposto da mesma placa, deixando cerca de 4 cm de intervalo. Para tal, foram utilizadas culturas em crescimento ativo. No caso da avaliação do antagonista bacteriano, foram inoculados dois discos miceliais do agente patogénico na periferia da placa de Petri e o antagonista bacteriano foi semeado no centro da mesma placa. Após o período de incubação necessário, *ou seja*, quando o crescimento na placa de controlo registou 90 mm de diâmetro, o crescimento radial dos agentes patogénicos foi medido. A percentagem de inibição em relação ao controlo foi calculada de acordo com a equação dada por Vincent (1927). Os diferentes organismos antagonistas utilizados contra os agentes patogénicos da podridão dos frutos do brinjal incluem, *Trichoderma harzianum* estirpes T-21, T-28, T-29, T-72, T-p, *Pseudomonas fluorescens* e *Bacillus subtilis* mantidos na unidade de biocontrolo da UHS Bagalkot.

3.8 Avaliação no terreno de fungicidas e bio-agentes eficazes

Foi realizada uma experiência de campo na quinta Haveli, um local experimental do Departamento de Fitopatologia, COH, Bagalkot, para avaliar a eficácia de diferentes ideias fúngicas, botânicos e agentes de biocontrolo durante a *kharif* 2015. Os diferentes tratamentos impostos são apresentados no quadro 6.

A experiência foi desenhada num esquema de blocos aleatórios com 11 tratamentos, incluindo o controlo, em 3 repetições. O tamanho da parcela para cada tratamento foi de 3,6 x 4,5 m. O híbrido de Brinjal Mahyco super-10 foi utilizado para o estudo. As práticas de cultivo recomendadas foram efectuadas de acordo com o pacote de práticas da UHS Bagalkot. O fungicida e o agente de biocontrolo foram pulverizados de acordo com os tratamentos mencionados acima. A primeira pulverização foi efectuada imediatamente após o aparecimento dos sintomas da doença e a segunda pulverização foi efectuada 15 dias após a primeira pulverização.

Tabela 6. Lista de tratamentos (produtos químicos e bio-agentes utilizados no campo)

    gestão)

Treatment	Common name	Trade name	Concentration (%)
T_1	Azoxystrobin	Amistar	0.1
T_2	Captaf	Difoltan	0.1
T_3	Carbendazim	Bavistin	0.1
T_4	Chlorothalonil	Kavach	0.2
T_5	Copper oxychloride	Blitox	0.2
T_6	Difenconazole	Score	0.1
T_7	Hexaconazole	Contaf	0.1
T_8	Propiconazole	Tilt	0.1
T_9	Tebuconazole	Folicure	0.1
T_{10}	*Trichoderma*	Krishnaprabha (UHSB product)	0.5
T_{11}	Control	-	-

3.8.1 Observações registadas

A severidade da doença foi avaliada uma semana após cada pulverização. Dez plantas foram marcadas em cada subparcela e classificadas usando uma escala de 0-5 e, em seguida, o PDI foi calculado. O rendimento de cada microparcela foi registado após a colheita e convertido em hectares. Foram também calculados o rendimento, o lucro líquido e o B:C em relação ao controlo e à economia da experiência.

CAPÍTULO 4

4. RESULTADOS EXPERIMENTAIS

Os presentes estudos sobre a podridão frutífera da brinjal foram efectuados no Departamento de Fitopatologia, tal como descrito no material e métodos. Os resultados do estudo **"ETIOLOGIA E GESTÃO DA PODRIDÃO DOS FRUTOS DA BRINJAL CAUSADA POR** *Alternaria alternata* , *Colletotrichum melongenae* **E** *Phomopsis vexans"* **são** apresentados a seguir.

4.1 Inquérito para a avaliação da severidade da doença da podridão dos frutos da brinjal no distrito de Bagalkot

Foi efectuado um inquérito itinerante para conhecer a incidência da podridão frutífera da beringela em cinco taluks do distrito de Bagalkot: Badami, Bagalkot, Mudhol, Jamakandi e Hunagunda. Foram inquiridas cinco aldeias de cada taluk e dois campos em cada aldeia. Os dados obtidos são apresentados no quadro 7 e os sintomas observados durante o inquérito são apresentados na placa 1.

A incidência da podridão dos frutos da beringela foi observada em todos os locais inquiridos em duas cultivares locais de beringela comum e nos híbridos Mahycho super-10. No taluk de Bagalkot, o índice percentual de doença (PDI) variou de 21,33 a 54,66. O IDP mais elevado, de 54,66, foi registado em Belur, seguindo-se Anadinni (36,00) e Jalyal (21,33). No taluk de Bagalkot, a infeção mais elevada de podridão dos frutos, 86,67, foi registada em Belur, seguida de 46,66 em Anadinni e 40,00 em Irapur. Sannadinni e Jalyal (33,33) registaram a menor percentagem de infeção de frutos entre todas as aldeias.

Em Badami, o índice de doença em percentagem (IDP) variou entre 17,33 e 44,00. O IDP mais elevado foi registado em Sulikeri (44,00), seguido de Asangi (41,33), Holealur (38,66) e Badagi (37,33). O IDP mais baixo foi registado em Kerkalmatti (17,33). A percentagem mais elevada de infeção por podridão dos frutos foi registada em Asangi (66,67) e Sulikeri (66,67) e Badagi (37,33) seguido de Holealur (38,66). O menor percentual de podridão dos frutos foi observado em Kerakalmatti (46,67).

No taluk de Jamakandi, Tummankatti (29,33) registou o índice de doença mais elevado, seguido de Navalagi (25,00) e Mahalingapur (25,00). A menor incidência foi registada em Dawaleswar (13,33) e Jagadhal (13,33). Os dados relativos aos frutos

Quadro 7. Inquérito sobre a gravidade da podridão dos frutos da brinjal no distrito de Bagalkot

Taluka	Village	Total Area Surveyed (Acre)	Variety/Hybrid	Percent fruit infection	Percent disease index
Bagalkot	Anadinni	4.5	Mahyco	46.66	36.00
	Belur		Local	86.67	54.66
	Irappur		Mahyco	40.00	32.00
	Jalyal		Local	33.33	21.33
	Sannadinni		Mahyco	33.33	26.62
Badami	Asangi	5.15	Local	66.67	41.33
	Badagi		Local	53.33	37.33
	Holealur		Local	66.67	38.66
	Kerkalmatti		Mahyco	46.67	17.33
	Sulikeri		Mahyco	66.67	44.00
Hunagunda	Amingada	1.25	Mahyco	33.33	25.00
	Gorabal		Local	46.67	17.00
	Kamatagi		Mahyco	40.00	32.00
	Kamblihal		Mahyco	20.00	13.00
	Rakkasagi		Local	53.00	29.00
Jamakandi	Dawaleswar	1.15	Mahyco	20.00	13.33
	Jagadhal		Local	20.00	13.33
	Mahalingpur		Local	33.33	25.00
	Navalagi		Local	40.00	25.00
	Tummanakatti		Local	53.33	29.33
Mudhol	Belagali	1.30	Mahyco	66.67	33.33
	Hebbal		Mahyco	53.33	35.00
	Kadakol		Local	53.33	21.66
	Muddapur		Mahyco	46.67	26.66
	Mugalkod		Mahyco	80.00	41.33

Plate 1: Photographs showing the symptoms of fruit rot of brinjal disease observed during survey in *Kharif* 2013

Symptoms due to *Colletotrichum melongenae* (A) *Alternaria alternata* (B &C) and *Phomopsis vexans* (D)

A infeção revela que Tummanakatti (53,33) registou o valor mais elevado, seguido de Navalagi.

A infeção de frutos mais baixa foi registada em Dawaleswar (20,00) entre as cinco aldeias estudadas.

No taluk de Mudhol, a incidência mais elevada da doença foi registada em Mugalkod (41,33), seguida de Hebbal (35,00), Belagali (33,33) e Muddapur (26,66). O valor mais baixo foi registado em Kadakol (21,66). Os dados registados no que diz respeito à infeção por podridão dos frutos revelaram que Mugalkod (80,00) registou a maior infeção por podridão dos frutos, seguido de Belagali (53,33) e Hebbal (53,33). A menor percentagem de infeção por podridão dos frutos foi registada em Muddapur (46,67).

Em Hunagunda taluk, Kamatagi registou a maior incidência da doença, seguida de Rakkasagi (29,00) e Aminagada (25,00). A menor incidência foi registada na aldeia de Kamblihal (13,00), seguida de Gorbal (17,00). Os dados registados no que diz respeito à infeção por podridão dos frutos revelaram que Rakkasagi (53,00) registou o valor mais elevado, seguido de Gorbal (46,67) e Kamatagi (40,00). A menor infeção por podridão dos frutos foi registada na aldeia de Kamblihal (20,00).

4.2 Breves descrições dos fungos predominantes

4.2.1 *Alternaria alternata*

As colónias eram geralmente pretas ou oliváceas, pretas, os conidióforos que surgiam em grupos ou isoladamente eram de cor castanha dourada. Conídios formados em longas cadeias frequentemente ramificadas numa sucessão acropetal, obclavados, frequentemente com um bico curto cónico ou cilíndrico com septos transversais e oblíquos.

4.2.2 *Colletotrichum melongenae*

Geralmente, o fungo produz colónias circulares, lanosas ou cotonosas em meios de cultura com uma cor caraterística, ou seja, castanho pálido ou branco acinzentado. O micélio da cultura em crescimento é hialino, septado e ramificado. Os conidiomas são acervulares, compostos por hifas septadas hialinas a castanho-escuras Placa 2.

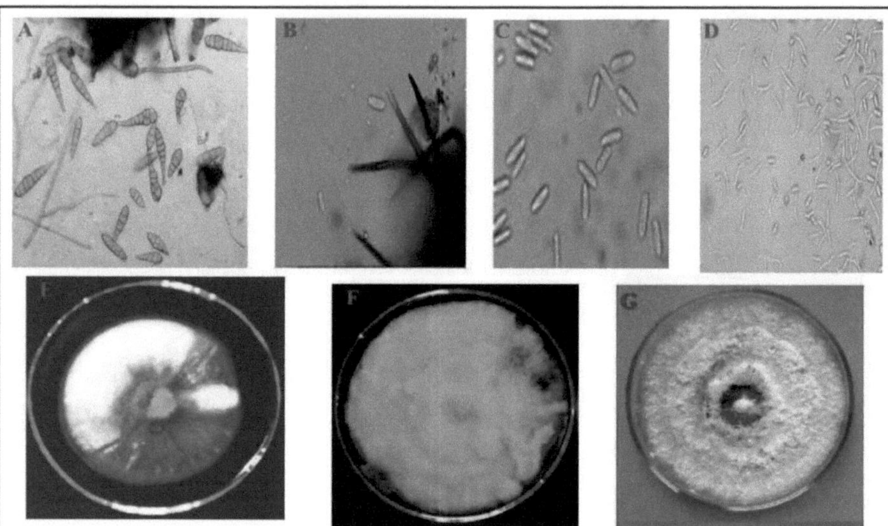

Plate 2: Photographs showing, conidia and growth of *Alternaria alternata* (A & E), fruiting body, conidia of *Colletotrichum melongenae* (B, C & F), alpha and beta conidia and growth of *Phomopsis vexans* (D & G)

4.2.3 *Phomopsis vexans*

As colónias eram escuras, fofas, com anéis concêntricos, terminando com uma margem ondulada. Picnídios subepidérmicos, erumpentes, escuros, de paredes espessas, achatados a globosos, de tamanho variável, com ou sem bico. Fialídeos hialinos, simples ou ramificados, por vezes septados, que surgem da camada mais interna das células que revestem a cavidade. Conídios alfa hialinos, asseptados, subcilíndricos; conídios beta filiformes, curvos, hialinos, septados, não germinantes. Hifas hialinas, septadas Placa 2.

4.2.4 Sintomatologia

Os sintomas da podridão dos frutos da beringela causada por *Alternaria alternata, Colletotrichum melongenae* e *Phomopsis vexans* durante a pesquisa e a recolha de espécimes foram descritos no presente documento. Esta descrição é apresentada na placa 3.

4.2.4.1 *Alternaria alternata*

Os primeiros sintomas típicos foram observados como manchas pequenas, isoladas, dispersas, amarelo-pálido e castanhas nos frutos. Mais tarde, cobertas por um crescimento profundo e esverdeado do fungo. Havia anéis concêntricos com uma zona clorótica estreita à volta das manchas nos frutos. As manchas aumentaram de tamanho e tornaram-se angulares a irregulares e desenvolveram-se em castanho escuro. Mais tarde, aumentaram e coalesceram para cobrir grandes áreas do fruto, o que levou à podridão do fruto. Isto é mostrado na Placa 3.

4.2.4.2 *Colletotrichum melongenae*

A doença aparece como pequenas manchas circulares que se aglutinam para formar grandes manchas elípticas nos frutos e nas folhas. Em condições severas, ocorre a desfoliação das plantas afectadas. Estas manchas apareceram primeiro como pequenas lesões encharcadas de água nos frutos e depois tornaram-se salientes com superfícies de cortiça. Mais tarde, as lesões foram acompanhadas pela erupção de massas de esporos viscosas e cor-de-rosa na superfície. As lesões expandiram-se rapidamente nos frutos. As lesões totalmente expandidas pareciam moles, afundadas e variavam em cor de vermelho escuro a bronzeado e preto. Isto é mostrado na placa 3.

Plate 3: Photographs showing the symptoms of *Alternaria alternata* (A & E), *Colletotrichum melongenae* (B) and *Phomopsis vexans* (C& D) on leaf and fruit surface

4.2.4.3 *Phomopsis vexans*

Os sintomas nos frutos infectados apareceram como manchas cinzentas minúsculas, circulares, encharcadas de água e afundadas, com auréola acastanhada e com um centro de cor brilhante, que mais tarde aumentaram para produzir anéis concêntricos e zonas desenvolvidas. As manchas aumentaram de tamanho e formaram grandes áreas podres, que desenvolveram picnídios causando a maior parte da superfície podre da fruta, levando ao escurecimento da área afetada. Esta situação é mostrada na Placa 3.

4.2.5 Patogenecidade

As inoculações artificiais dos frutos de brinjal com os respectivos agentes patogénicos foram efectuadas como explicado em "Material e Métodos".

4.2.5.1 *Alternaria alternata*

Os frutos inoculados artificialmente mostraram um crescimento de bolor preto aveludado e com pelo preto na superfície do fruto nas fases iniciais. Os sintomas apareceram após sete dias de inoculação, tendo sido observada uma descoloração cinzento-escura quando os frutos amadureceram.

4.2.5.2 *Colletotrichum melongenae*

A partir dos testes de patogenicidade, observou-se que o *Colletotrichum melong enae* era infecioso e causava sintomas típicos nos frutos. O *Colletotrichum melongenae* causou pequenas lesões nos frutos, sete dias após a inoculação. O agente patogénico apresentou um crescimento micelial profuso e, mais tarde, foram observadas cabeças pretas de acérvulos na superfície do fruto e à volta da parte infetada.

4.2.5.3 *Phomopsis vexans*

Nos frutos inoculados, os sintomas apareceram como manchas minúsculas, circulares, afundadas, acinzentadas com halo acastanhado, que mais tarde aumentaram para produzir anéis concêntricos como placa alvo com zonas acastanhadas. Os anéis mais exteriores separaram-se da superfície saudável do fruto. O tamanho das manchas aumentou e espalhou-se por áreas podres maiores, que

Before inoculation   Symptoms after inoculation

Plate 4: Photographs showing experiment of pathogenecity test under field condition (A-C)
(A) *Alternaria alternata*, (B) *Colletotrichum melongerae* (C) *Phomopsis vexans*, D-F are the fruits showing symptoms under in vitro condition
(D) *Phomopsis vexans* (E) *Colletotrichum melongenae* (F) *Alternaria alternata*

produziu picnídios dispersos de cor negra nos frutos podres e desenvolveu-se a mumificação dos frutos. O agente patogénico foi reisolado dos frutos infectados e foi confirmado por comparação com a cultura original Placa 4.

4.3   Efeito de meios sólidos no crescimento micelial e na esporulação de *Alternaria alternata, Colletotrichum melongenae* e *Phomopsis vexans*

O crescimento micelial e a esporulação dos fungos *Alternaria alternata* , *Colletrotrichum melongenae* e *Phomopsis vexans* em diferentes meios sólidos foram estudados como descrito no material e métodos e os resultados são apresentados nos quadros 8, 9 e 10.

A Tabela 8 revelou que existe uma diferença significativa entre os meios no que diz respeito ao crescimento de *Alternaria alternata* nos dias 7th e 15th de inoculação e está representada na Placa 5.

Aos 7th dias, observou-se o maior crescimento micelial no meio de Asthana e Hawker (64,00 mm), que estava a par do ágar de dextrose de batata (62,66 mm) e era significativamente superior a todos os outros tratamentos, o ágar de farinha de milho (52,66 mm) e o ágar de Sabouraud (52,00 mm) eram os melhores tratamentos seguintes, o ágar de Walk (37,00 mm) registou o menor crescimento micelial. No dia 15th , o ágar dextrose de batata (84,00 mm) registou o maior crescimento micelial de *Alternaria alternata*, seguido do meio de Asthana e Hawker (79,45 mm), do ágar de farinha de milho (70,26 mm), do ágar de Sabouraud (70,05 mm)

45

e do ágar de Walk (51,92) registou o menor crescimento micelial. Este facto é ilustrado na Fig. 2.

No que se refere ao carácter de crescimento apresentado no quadro 8, verificou-se que o fungo cresceu bem tanto em meios sintéticos como não sintéticos. O ágar dextrose de batata suportou a melhor esporulação. O segundo melhor meio foi o meio de Asthana e Hawker, seguido do ágar de farinha de aveia e do ágar de Sabouraud. A esporulação foi moderada nos restantes meios. As colónias eram de cor branca opaca, com um crescimento fofo no centro e margens regulares na maioria dos meios.

Tabela 8. Estudos sobre as características culturais de *Altemaria alternata* em diferentes meios sólidos após 15 dias de inoculação

Sl. No.	Medium	Radial growth (mm)		Growth character	Sporulation
		7th day	15th day		
1	Asthana and Hawker's agar	64.00	79.45	Colony is transparent white at the centre with regular margin	+++
2	Corn meal agar	52.66	70.26	Colony is transparent, mycelium submerged with compact growth and highly regular margin	++
3	Czapeck's agar	47.00	61.40	Colony is transparent, white at centre and margin is wavy, prominent with dull white in colour	+
4	Malt agar	42.00	61.20	Colony is pinkish white with zonation, regular margin with slightly raised growth	+
5	Oat meal agar	46.00	62.52	Light greyish colony, smooth growth with regular margin	++
6	Potato dextrose agar	62.66	84.00	Colony is dull white with fluffy growth at the centre and regular margin	++++
7	Richards agar	40.33	57.40	Submerged mycelium, colony is dirty white in colour with compact growth	+
8	Sabouraud's agar	52.00	70.05	Mycelium is compact woody in colour with regular definite margin and slow growth	++
9	Walksman agar	37.00	51.92	Dirty white colour, regular margin with compact growth	+
	SEm±	0.50	0.81		
	CD at1%	1.51	2.42		
	CV	1.77	2.33		

+	Fair
++	Good
+++	Very good
++++	Excellent

A Tabela 9 revelou que houve uma diferença significativa entre os meios no que diz respeito ao crescimento do *Colletotrichum melongenae* no 7th dia e no 15th dia de inoculação. O crescimento do micélio é compacto e de cor lenhosa e foi encontrado no meio de ágar Sabouraud.

Aos 7th dias, observou-se o maior crescimento micelial no ágar de farinha de aveia (73,00 mm), o que foi significativamente diferente de todos os outros tratamentos, o ágar de Sabouraud (62,0 mm) e o ágar de Czapeck (52,00 mm) foram os tratamentos seguintes, o ágar Walkaman (34,00 mm) registou o menor crescimento micelial, que foi igual ao ágar Richards (38,33 mm). No dia 15th , o ágar de farinha de aveia registou o maior crescimento micelial (87,40 mm), seguido do ágar de Sabouraud (78,00 mm) e do ágar de farinha de milho (67,20 mm). Este foi significativamente superior a todos os outros tratamentos. O ágar dextrose de batata (59,60 mm) e o meio de Asthana e Hawker (58,00 mm) foram iguais entre si. O ágar de Richard (46,85 mm) registou o menor crescimento micelial. Este facto é ilustrado na Fig. 3.

No que se refere ao carácter de crescimento, verificou-se uma esporulação máxima no ágar de dextrose de batata, seguido do ágar de Asthana e Hawker, do ágar de farinha de milho, do ágar de Cazapek e do ágar de Sabouraud. Verificou-se que a colónia em ágar dextrose de batata era de cor branca e crescimento fofo no centro com margem regular. Nos meios de Asthana e Hawker, a colónia era branca brilhante e com crescimento elevado, e no meio de ágar de Sabouraud, a colónia era branca e com crescimento cotonoso. Os resultados são apresentados na placa 5.

A Tabela 10 revelou que houve uma diferença significativa entre os meios no que diz respeito ao crescimento de *Phomopsis vexans* no 7th dia e 15th dia de inoculação

No dia 7th foi observado o maior crescimento micelial no ágar de Sabouraud (74,00 mm), que estava a par do ágar de farinha de aveia (71,00 mm). O ágar de Richard (53,00 mm) e o ágar de malte (51,33 mm) foram os tratamentos seguintes. Os ágares Asthana e Hawker registaram o menor crescimento micelial (21,00 mm). No dia 15th , o ágar de Sabouraud (86,80 mm) registou o maior crescimento micelial, que foi significativamente superior a todos os outros tratamentos, seguido do ágar de farinha de aveia (82,72 mm), do ágar de malte (70,00 mm) e do ágar de Richard (67,40 mm), que foram iguais entre si. O meio de Asthana e Hawker (37,00 mm) registou o menor crescimento micelial. Este facto é ilustrado na Fig. 4.

Tabela 9. Estudos sobre as características culturais de *Colletotrichum melongenae* em diferentes meios sólidos após 15 dias de inoculação

Sl. No.	Medium	Radial growth(mm)		Growth character	Sporulation
		7^{thy} day	15th day		
1	Asthana and Hawker's agar	44.00	58.00	Colony is bright white, cottony and raised growth with irregular margin.	+++
2	Corn meal agar	42.66	67.20	Colony is dull white with irregular margin.	++
3	Czapeck's agar	52.00	53.40	Colony is transparent, white at centre and margin is wavy, prominent with dull white in colour.	++
4	Malt agar	38.33	47.40	Colony is bright white, yellowish pigmentation towards margin, cottony growth with wavy margin.	++
5	Oat meal agar	73.00	87.40	Light greyish colony, smooth growth with regular margin.	++
6	Potato dextrose agar	42.00	59.60	Colony is white in colour, fluffy growth with highly irregular margin.	++++
7	Richards agar	38.33	46.85	Colony is bright white, profuse fluffy growth and highly regular margin.	+
8	Sabouraud's agar	62.00	78.00	Colony is dull white with cottony and raised growth and margin is regular.	++
9	Walksman agar	34.00	55.85	Colony is yellowish white, raised and cottony growth with regular margin.	+
	SEm±	0.65	0.82		
	CD at 1%	1.94	2.46		
	CV	2.36	2.53		
	+			Fair	
	++			Good	
	+++			Very good	
	++++			Excellent	

Tabela 10. Estudos sobre as características culturais de *Phomopsis vexanson em* diferentes meios sólidos após 15 dias de inoculação

Sl. No.	Medium	Radial growth (mm)		Growth character	Sporulation
		7th day	15th day		
1	Asthana and Hawker's	21.00	37.00	Colony is dull white in colour and profused mycelia growth with irregular margin, concentric rings towards centre.	++
2	Corn meal agar	37.00	48.00	Colony is whitish brown in colour with concentric rings towards centre, Mycelium is florescent.	++
3	Czapeck's agar	34.66	55.46	Colony is dull white in colour and profuse mycelial growth with irregular margin, concentric rings towards centre.	++
4	Malt agar	51.33	70.00	Colony is whitish brown in colour with concentric rings towards centre; Mycelium is abundant with raised growth.	+
5	Oat meal agar	71.00	82.72	Growth is abundant colony is white, Mycelium is fluorescent.	++
6	Potato dextrose agar	41.00	61.80	Colony is compact and thick, Fluffy with concentric rings, Mycelium creamy White in colour.	+
7	Richards agar	53.00	67.40	Colony is smooth, cottony white in colour with regular margin, thick and profuse growth.	+
8	Sabouraud's agar	74.00	86.80	Colony is milky white in colour with profuse growth, Mycelium is raised at the centre.	++
9	Walksman agar	39.00	50.00	Colony is compact and thick, Fluffy with concentric rings, Mycelium is White in colour with better sporulation.	+
	SEm±	0.51	0.74		
	CD @ 1%	1.53	2.23		
	CV	1.8	2.28		

+	Fair
++	Good
+++	Very good
++++	Excellent

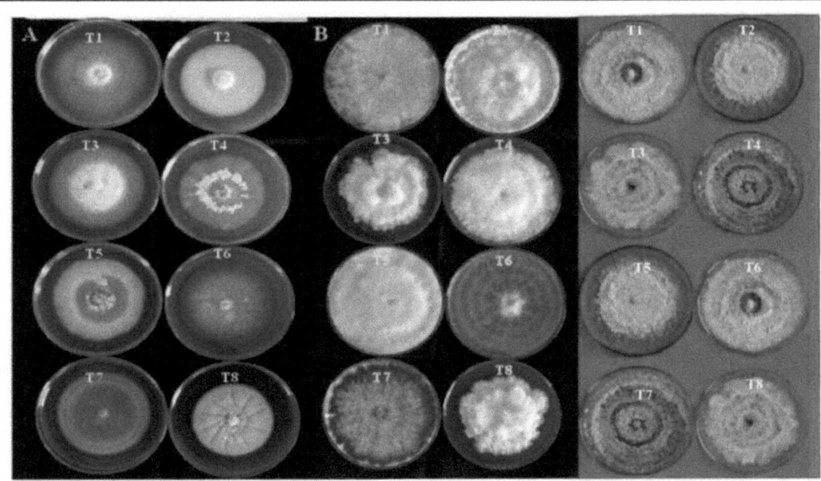

Plate 5: Photographs showing growth of (A) *Alternaria alternata*, **(B)** *Colletotrichum melongenae* **and (C)** *Phomopsis vexans* **on different solid media**

T1 = Asthana and Hawker's agar   T2 = Corn meal agar   T3 = Czapeck's agar   T4 = Malt agar
T5 = Oat meal agar   T6 = Potato dextrose agar   T7 = Richard's agar   T8 = Sabouraud's agar

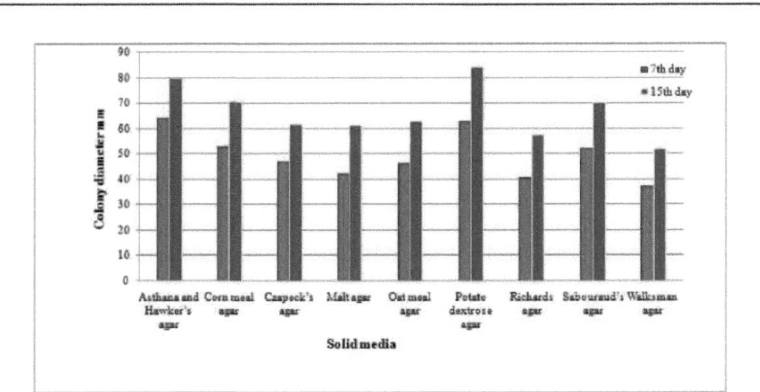

Fig. 1: Growth of *Alternaria alternata* on nine different solid media after 7 and 15 days of inoculation

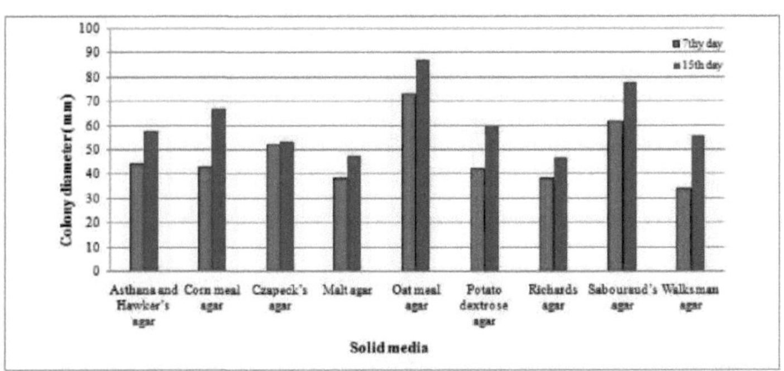

Fig. 2: Growth of *Colletotrichum melongenae* on nine different solid media after 7 and 15 days of inoculation

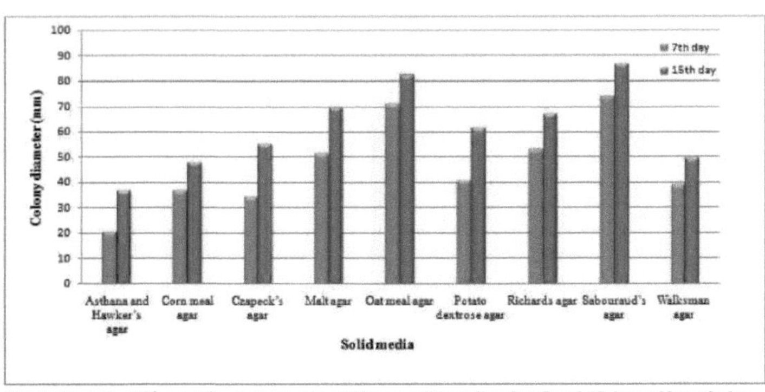

Fig. 3: Growth of *Phomopsis vexans* on nine different solid media after 7 and 15 days of inoculation

Os resultados apresentados no quadro 10 indicam que o fungo cresceu bem em meios sintéticos e não sintéticos. O crescimento em ágar dextrose de batata era inicialmente branco baço, passando depois a branco

49

leitoso. Era espesso e compacto, com anéis concêntricos em direção ao centro na maioria dos meios. A esporulação máxima foi observada em ágar de farinha de aveia, ágar de Sabouraud e meios de Asthana e Hawker, seguidos de ágar de malte e ágar dextrose de batata.

4.4 Rastreio de genótipos de brinjal contra a podridão dos frutos

Sessenta genótipos de brinjal foram testados contra a podridão dos frutos em condições epifitóticas naturais, tal como descrito no material e métodos, e os resultados são apresentados no quadro 11 e na placa 5. Os dados revelaram que, entre os 60 genótipos, nenhum deles foi considerado imune. O índice percentual de doença variou entre (15,00 - 40,40%). Dois genótipos *viz.* , CBB-3 (10.50) e CBB-26 (15.52) foram considerados resistentes, 31 genótipos *viz*, CBB-1 (18.84), CO-2 (22.45), CBB-5 (16.20), CBB-6 (24.60), CBB-7 (20.10), CBB-11 (23.10), CBB-15 (21.26), CBB-16 (18.00), CBB-17 (18.45), CBB-19 (18.64), CBB-20 (20.60), CBB-22 (25.40), CBB-27 (25.36), CBB-28 (21.28), CBB-30 (20.46), CBB-31 (24.62), CBB-32 (25.34), CBB-33 (16.26), CBB-34 (30.04), CBB-37 (18.60), CBB-41 (22.42), CBB-43 (16.84), CBB-44 (20.62), CBB-45 (25.46), CBB-46 (21.80), CBB-50 (24.32), CBB-54 (25.50), CBB- 56 (20.45) , CBB-57 (24.64), CBB-58 (20.20) e CBB-59 (16.40) mostraram uma reação moderadamente resistente, 27 genótipos *viz,*CBB-2 (30.20), CBB-4 (27.00), CBB- 8 (30.25), CBB-9 (28.30), CBB-10 (35.20), CBB-12 (36.00), CBB-13 (27.62), CBB- 14 (40.24), CBB-21 (30.00), CBB-23 (32.30), CBB-24 (27.54), CBB-25 (35.40), CBB-29 (30.40), CBB-34 (30.04), CBB-35 (28.43), CBB-36 (26.14), CBB-38 (35.58), CBB-39 (40.40), CBB-40 (32.64), CBB-42 (30.49), CBB-47 (26.74), CBB-48 (28.23), CBB-49 (34.22), CBB-51 (28.20), CBB-52 (35.56), CBB-53 (36.40) e CBB-55 (27.32) foram susceptíveis. Nenhum dos genótipos apresentou uma reação altamente suscetível.

4.5 Impressão digital RAPD-PCR de germoplasma de brinjal contra a podridão dos frutos

Foram efectuados ensaios de ADN polimórfico amplificado aleatoriamente com 34 iniciadores aleatórios. Destes, 24 produziram bandas polimórficas e reprodutíveis e

Quadro 11. Rastreio de linhas de germoplasma de brinjal contra a podridão dos frutos

Sl. No.	Germplasm Line	Per cent disease index	Maximum grade
1.	CBB-1	18.84	3
2.	CBB-2	30.20	4
3.	CBB-3	10.50	2
4.	CBB-4	27.00	3
5.	CBB-5	16.20	3
6.	CO-2	22.45	2
7.	CBB-6	24.60	3
8.	CBB-7	20.10	3
9.	CBB-8	30.25	4
10.	CBB-9	28.30	3
11.	CBB-10	35.20	4
12.	CBB-11	23.10	3
13.	CBB-12	36.00	4
14.	CBB-13	27.62	3
15.	CBB-14	40.24	4
16.	CBB-15	21.26	3
17.	CBB-16	18.00	2
18.	CBB-17	18.45	3
19.	CBB-18	16.56	3
20.	CBB-19	18.64	3
21.	CBB-20	20.60	3
22.	CBB-21	30.00	4
23.	CBB-22	25.40	3
24.	CBB-23	32.30	4
25.	CBB-24	27.54	3
26.	CBB-25	35.40	4
27.	CBB-26	15.52	2
28.	CBB-27	25.36	3
29.	CBB-28	21.28	3
30.	CBB-29	30.40	4
31.	CBB-30	20.46	3
32.	CBB-31	24.62	3

Contd.....

Sl. No.	Germplasm Line	Per cent disease index	Maximum grade
33.	CBB-32	25.34	3
34.	CBB-33	16.26	3
35.	CBB-34	30.04	4
36.	CBB-35	28.43	3
37.	CBB-36	26.14	3
38.	CBB-37	18.60	2
39.	CBB-38	35.58	4
40.	CBB-39	40.40	4
41.	CBB-40	32.64	4
42.	CBB-41	22.42	3
43.	CBB-42	30.49	4
44.	CBB-43	16.84	3
45.	CBB-44	20.62	3
46.	CBB-45	25.46	3
47.	CBB-46	21.80	3
48.	CBB-47	26.74	3
49.	CBB-48	28.23	3
50.	CBB-49	34.22	4
51.	CBB-50	24.32	3
52.	CBB-51	28.20	3
53.	CBB-52	35.56	4
54.	CBB-53	36.40	4
55.	CBB-54	25.50	3
56.	CBB-55	27.32	3
57.	CBB-56	20.45	3
58.	CBB-57	24.64	3
59.	CBB-58	20.20	3
60.	CBB-59	16.40	3

foram seleccionados para um exame mais aprofundado (placa 7). Dos 34 primers, foram seleccionados 13 primers e avaliados para conhecer a diferença entre as 22 cultivares seleccionadas. A similaridade genética variou de 0,01 a 0,93 (Tabela 12) para cada um dos primers analisados. A representação pictórica detalhada é mostrada na Fig. (13) com 9 primers (OPERON-AC07, OPA-06, OPB-03, OPB-03, OPB-07, OPB-17, OPC-03, OPJ-05, e RAPD-1) que mostraram 100% de polimorfismo e os restantes 4 primers (C-20, OPB-04, OPJ-04 e RAPD-3) que mostraram 58-78% de polimorfismo. A tabulação é apresentada na Tabela 10. A árvore de filogenia completa divide-se em dois grupos, nomeadamente C1 e C2, utilizando o coeficiente de semelhança de Jaccard de 0,01. O grupo C2 divide-se novamente em diferentes subgrupos, nomeadamente SCA (K12D10 35-1, K12d1012-6, K12d1077-3, K12D1075, Melavanki local, K12D1025-1, Bijapur local, K12D1039-1,

K12D1087-2, K12D1052-1, K12D1032-5, K12D1097-3, K12D10104-1, K12D10 36-3, K12D1075-3, R-2590, K12D1038- 5, K12D1011-5 e K12D10129-4) e SCB (K12D102-3). Os restantes grupos pertencem ao grupo SBA2. Entre todos os genótipos representados na árvore filogenética, a linha 3 (K12d1012-6) e a linha-11 (K12D1052-1) eram as mais afastadas entre si; no entanto, a linha-17 (K12D1036-1) e a linha-21 (K12D1011-5) estavam muito próximas (Fig. 4). Embora a linha 3 e a linha 19 pertençam a grupos diferentes com menor coeficiente, são semelhantes no que respeita à resistência à podridão dos frutos. A representação pormenorizada do perfil RAPD de 13 primers é apresentada na placa 8.

4.6 Avaliação *in vitro* de fungicidas contra os agentes patogénicos da podridão dos frutos

Cinco fungicidas sistémicos e três não sistémicos foram testados em laboratório, em quatro concentrações, quanto à sua eficácia contra os agentes patogénicos da podridão dos frutos, tal como descrito em "Material e Métodos". Os resultados são apresentados no presente documento.

4.6.1 *Alternaria alternata*

O quadro 15 revela que existe uma diferença significativa entre os fungicidas testados. Verificou-se que a eficácia aumentou em todos os fungicidas quando a concentração aumentou. O difenconazol e o tebuconazol registaram uma inibição de 100% em todas as concentrações testadas e, por conseguinte, registaram uma inibição média de 100%. O propiconazol (91,25) e o carbendazim (85,41) foram os melhores fungicidas seguintes quando se considerou a inibição média por cento.

Tabela 12. Semelhanças de jaccordes

Rows/cols	G1	G2	G3	G4g ggg G4	G5	G6	G7	G8	G9	G10	G11	G12	G13	G14	G15	G16	G17	G18	G19	G20	G21	G22
G1	1.00																					
G2	0.01	1.00																				
G3	0.16	0.07	1.00																			
G4	0.59	0.02	0.15	1.00																		
G5	0.64	0.01	0.13	0.56	1.00																	
G6	0.64	0.01	0.14	0.62	0.84	1.00																
G7	0.66	0.01	0.15	0.58	0.80	0.76	1.00															
G8	0.14	0.01	0.01	0.19	0.13	0.14	0.10	1.00														
G9	0.13	0.01	0.01	0.26	0.17	0.19	0.15	0.62	1.00													
G10	0.34	0.01	0.12	0.46	0.40	0.45	0.35	0.32	0.42	1.00												
G11	0.37	0.01	0.17	0.34	0.25	0.27	0.22	0.32	0.29	0.58	1.00											
G12	0.03	0.01	0.01	0.04	0.02	0.02	0.02	0.16	0.14	0.06	0.09	1.00										
G13	0.04	0.01	0.01	0.10	0.14	0.11	0.05	0.04	0.03	0.15	0.03	0.07	1.00									
G14	0.49	0.01	0.07	0.48	0.74	0.67	0.62	0.12	0.15	0.35	0.23	0.02	0.10	1.00								
G15	0.12	0.01	0.00	0.22	0.13	0.15	0.15	0.53	0.47	0.25	0.18	0.18	0.04	0.12	1.00							
G16	0.16	0.01	0.26	0.10	0.13	0.14	0.17	0.20	0.18	0.09	0.10	0.07	0.08	0.04	0.21	1.00						
G17	0.50	0.01	0.07	0.52	0.78	0.67	0.64	0.13	0.15	0.36	0.23	0.02	0.14	0.93	0.12	0.05	1.00					
G18	0.48	0.01	0.18	0.47	0.54	0.56	0.56	0.18	0.21	0.43	0.32	0.03	0.04	0.50	0.18	0.20	0.50	1.00				
G19	0.56	0.01	0.12	0.52	0.87	0.77	0.74	0.12	0.14	0.35	0.22	0.02	0.13	0.83	0.11	0.12	0.86	0.52	1.00			
G20	0.55	0.01	0.12	0.52	0.82	0.73	0.73	0.12	0.14	0.34	0.22	0.02	0.11	0.85	0.11	0.12	0.89	0.59	0.90	1.00		
G21	0.50	0.01	0.07	0.50	0.75	0.68	0.63	0.13	0.14	0.36	0.23	0.02	0.13	0.92	0.12	0.05	0.96	0.50	0.85	0.88	1.00	
G22	0.67	0.01	0.00	0.18	0.10	0.13	0.13	0.57	0.15	0.26	0.14	0.20	0.04	0.10	0.61	0.15	0.10	0.14	0.10	0.10	0.11	1.00

Tabela 13. Resumo das análises genéticas obtidas utilizando 13 iniciadores RAPD para 22 brinjais *(Salanummelongenae* **L.)**

Sl. No.	Primer name	Sequence	Total no. of bands	Total no. of polymorphic bands	No. of Monomorphic bands	Percent polymorphism
1	OPERON-AC07	GTGCCCGATC	80	00	00	100
2	C-20	ACTTCGCCAC	105	61	44	58.09
3	OPA-06	GGTCCCTGAC	54	00	00	100
4	OPM-16	GTAACCAGCC	111	00	00	100
5	OPB-03	CATCCCCCTG	62	00	00	100
6	OPB-04	GGACTGGAGT	100	78	22	78
7	OPB-07	GGTGACGCAG	68	00	00	100
8	OPB-17	GACCGCTTGT	50	00	00	100
9	OPC-03	GGGGGTCTTT	33	00	00	100
10	OPJ-04	CCGAACACGG	74	52	22	70.27
11	OPJ-05	CTCCATGGGG	58	00	00	100
12	RAPD-1	CCACACTACC	80	36	44	100
13	RAPD-3	CGGCCCCGGC	113	69	44	61.06

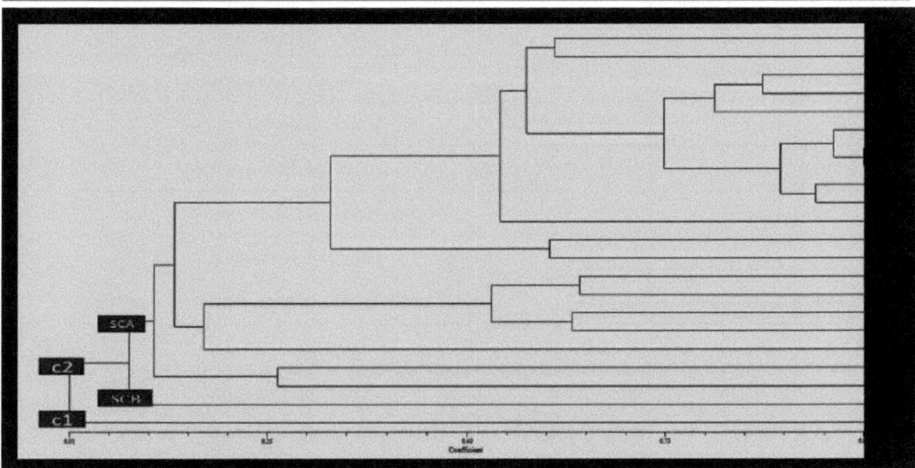

Fig. 4: Análise de agrupamento NTYES que mostra a relação entre a intensidade da doença e a diversidade entre 22 genótipos de brinjal *(galanum melongena)* produzida por RAPD

Quadro 14. Genótipos seleccionados no campo utilizados para a análise RAPD e respectiva reação a doenças no campo

Sl. No.	Lines	Genotypes	Disease intensity
1	Line-1	Malapur local	Moderately resistant
2	Line-2	$K_{12}D_{10}$ 35-1	Moderately susceptible
3	Line-3	$K_{12}d_{10}$12-6	Resistant
4	Line-4	$K_{12}d_{10}$77-3	Moderately susceptible
5	Line -5	$K_{12}D_{10}$75-2	Moderately resistant
6	Line-6	MELAVANKI LOCAL	Moderately resistant
7	Line-7	$K_{12}D_{10}$25-1	Moderately resistant
8	Line-8	BIJAPUR LOCAL	Moderately resistant
9	Line-9	$K_{12}D_{10}$39-1	Moderately susceptible
10	Line-10	$K_{12}D_{10}$87-2	Moderately susceptible
11	Line-11	$K_{12}D_{10}$52-1	Moderately susceptible
12	Line-12	$K_{12}D_{10}$32-5	Moderately resistant
13	Line-13	$K_{12}D_{10}$97-3	Moderately susceptible
14	Line-14	$K_{12}D_{10}$104-1	Moderately susceptible
15	Line-15	$K_{12}D_{10}$ 36-3	Moderately susceptible
16	Line-20	$K_{12}D_{10}$75-3	Moderately resistant
17	Line-32	$K_{12}D_{10}$36-1	Moderately resistant
18	Line-34	R-2590	Moderately resistant
19	Line-26	$K_{12}D_{10}$2-3	Resistant
20	Line-21	$K_{12}D_{10}$38-5	Moderately resistant
21	Line-46	$K_{12}D_{10}$11-5	Moderately resistant
22	Line-22	$K_{12}D_{10}$129-4	Moderately susceptible

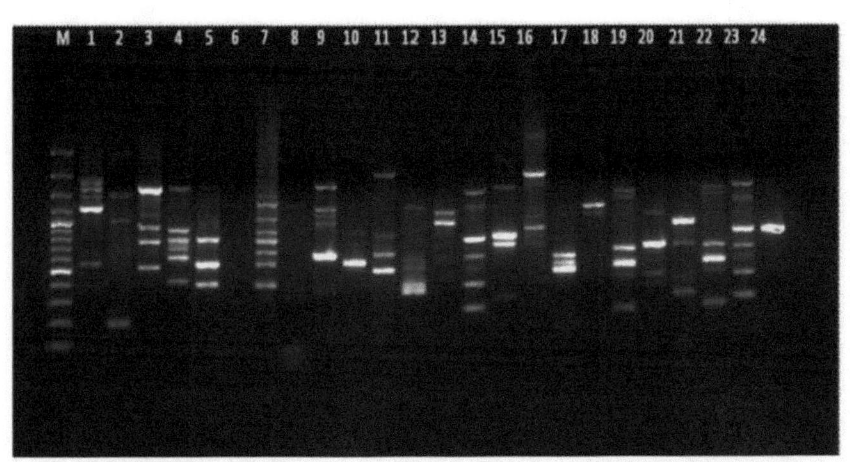

Plate 7: RAPD amplification products of primer (RAPD-1, OPB-04, OPJ-10, OPA-16, OPJ-06, RAPD-11, OPB-03, RAPD-3, OPD-16, OPJ-05, OPJ-04, OPA-06, OPERON AC-07, OPA-11, OPA-14, OPB-07, OPC-06, OPC-03, C-20, RAPD-7, OPB-03, OPB-17, OPC-20 and OPE-AC-07)

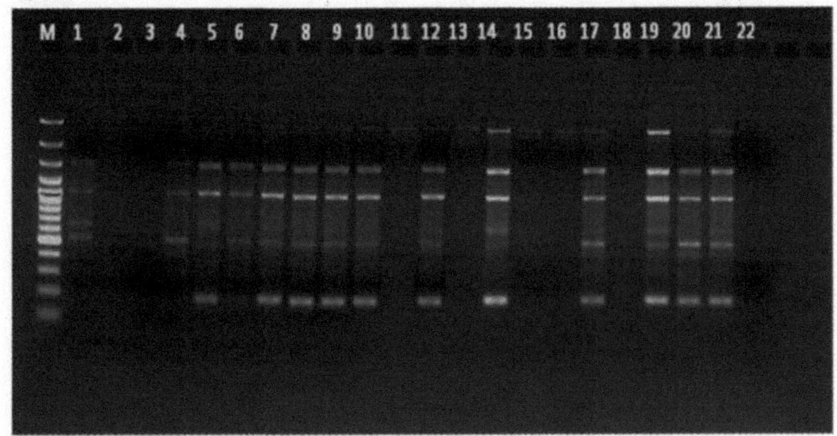

Plate 8(a): RAPD profile of 22 brinjal genotypes generated by random primer (OPB-4) (The lanes represent, lane M,100-bp ladder; lanes 1-22 (Brinjal genotypes))

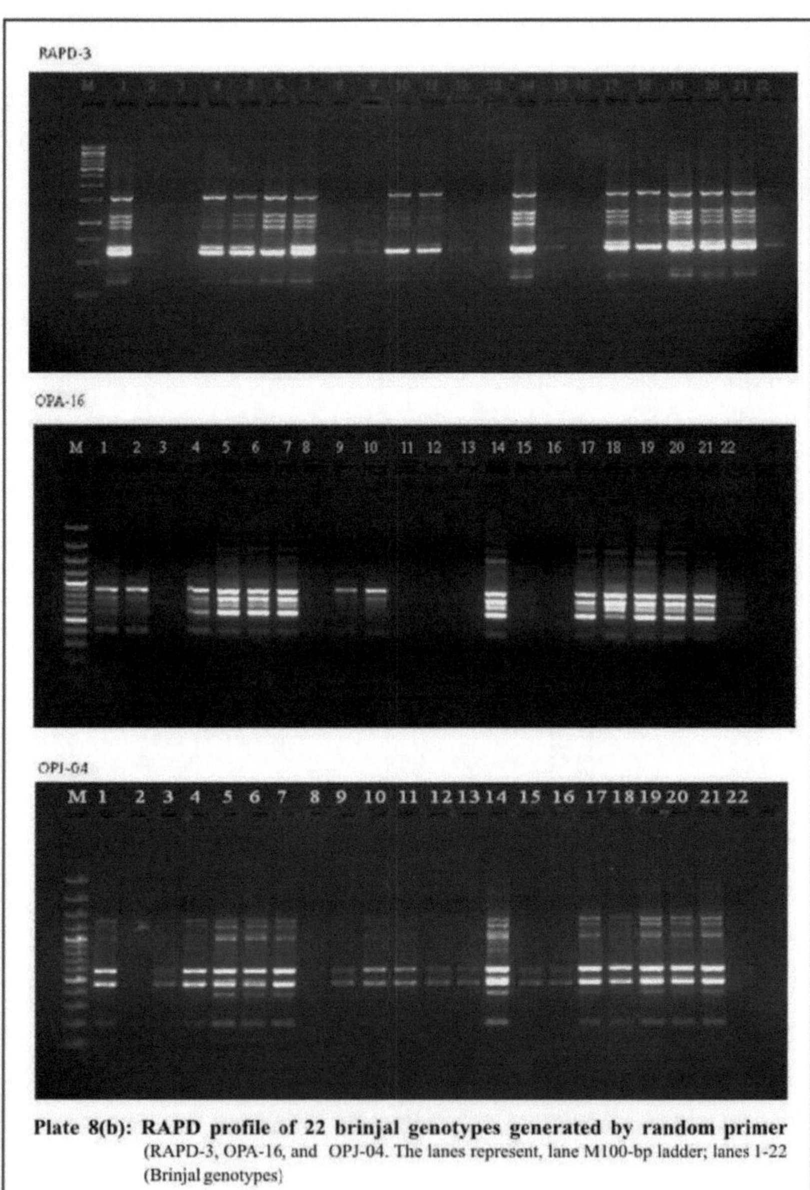

Plate 8(b): RAPD profile of 22 brinjal genotypes generated by random primer (RAPD-3, OPA-16, and OPJ-04. The lanes represent, lane M100-bp ladder; lanes 1-22 (Brinjal genotypes)

Tabela 15. Avaliação *in vitro* **de diferentes fungicidas sistémicos e não sistémicos contra** *Alternaria alternata*

Sl. No.	Fungicides	Per cent inhibition over control				Mean
		Concentration				
		0.25 (%)	0.5 (%)	0.75 (%)	1.0 (%)	
1	Captaf (25 WP)	43.42 (41.16)*	57.56 (49.41)	63.76 (52.93)	79.00 (62.93)	60.91 (51.56)
2	Carbendazim (50 WP)	78.33 (62.26)	84.00 (66.42)	86.00 (68.32)	93.00 (74.68)	85.41 (67.92)
3	Chlorothalonil (75WP)	56.65 (48.83)	67.34 (55.14)	73.00 (58.69)	83.00 (65.65)	70.00 (57.08)
4	Copper oxychloride (75 WP)	57.00 (52.14)	62.33 (58.48)	72.67 (49.02)	82.33 (65.16)	68.58 (56.20)
5	Difenconazole (25 EC)	100.00 (89.71)	100.00 (89.71)	100.00 (89.71)	100.00 (89.71)	100.00 (89.71)
6	Hexaconazole (5 SC)	56.67 (48.83)	73.34 (58.69)	76.00 (60.66)	92.33 (73.97)	74.50 (60.54)
7	Propiconazole (25 EC)	72.00 (58.05)	93.21 (74.68)	100.00 (89.71)	100.00 (89.71)	91.25 (78.04)
8	Tebuconazole (26 EC)	100.00 (89.71)	100.00 (89.71)	100.00 (89.71)	100.00 (89.71)	100.00 (89.71)
	Mean	73.20 (62.57)	81.33 (68.03)	84.04 (71.51)	86.75 (73.27)	81.33 (68.84)
		Fungicides		Concentration		F×C
SEm±		0.25		0.23		0.55
CD@1%		0.88		0.62		1.77
CV		1.08				

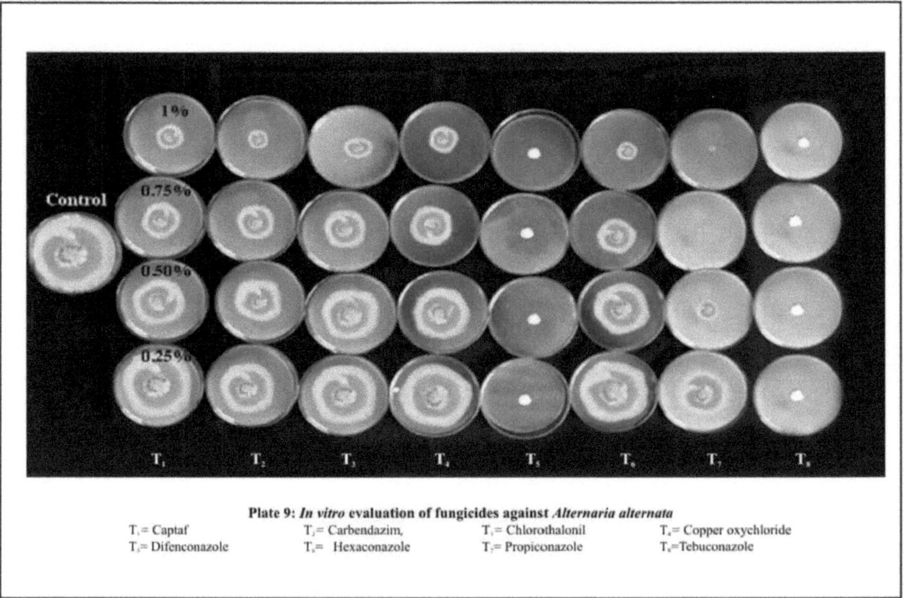

Plate 9: *In vitro* evaluation of fungicides against *Alternaria alternata*

T₁= Captaf T₂= Carbendazim, T₃= Chlorothalonil T₄= Copper oxychloride
T₅= Difenconazole T₆= Hexaconazole T₇= Propiconazole T₈=Tebuconazole

No que se refere à interação entre fungicidas e concentrações, o difenconazol e o hexaconazol registaram uma inibição de 100,00 por cento a 0,25%, enquanto o propiconazol a 0,75% e 1,00 por cento registou uma inibição de 100,00 por cento. O propiconazol a 0,5% (93,21), o carbendazim a 1,00% (93,00%) e o hexaconazol a 1,00% (92,33%) foram os seguintes na mesma ordem e em pé de igualdade. Este facto é apresentado na placa 11. Os resultados estão representados na Fig. 5 e são mostrados na Placa 9.

4.6.2 *Colletotrichum melongenae*

A percentagem de inibição do crescimento radial de *Colletotrichum melongenae* por fungicidas sistémicos e não sistémicos foi registada e apresentada no quadro 16.

O Quadro 16 revelou que existe uma diferença significativa entre os fungicidas, as concentrações e a interação. A percentagem de inibição foi reduzida à medida que a concentração de fungicidas aumentou de 0,25 para 1,00 por cento. A percentagem média de inibição foi registada no carbendazim, hexaconazol e propiconazol, uma vez que inibiram 100% do crescimento do *Colletotrichum melongenae* em todas as concentrações testadas. Os resultados estão representados na Fig. 6.

A uma concentração de 0,5 por cento, o carbendazim, o propiconazol, o hexaconazol e o oxicloreto de cobre registaram uma inibição de 100 por cento, seguidos do captaf (62,67%) e do difenconazol (57,00%). A menor inibição do crescimento micelial foi registada no tebuconazol (16,00%). O carbendazim, o propiconazol, o hexaconazol e o oxicloreto de cobre registaram uma inibição de 100% a uma concentração de 0,75%, que foi significativamente superior a todas as outras concentrações. Verifica-se que, à medida que a concentração aumenta, a percentagem de inibição micelial também aumenta no caso do tebuconozole, difenconazole, clorotalonil e captaf. Os resultados são apresentados na placa 10.

4.6.3 *Phomopsis vexans*

A percentagem de inibição do crescimento radial de *Phomopsis vexans* por diferentes fungicidas sistémicos e não sistémicos foi registada e apresentada no quadro 17.

A Tabela 17 revelou que houve uma diferença significativa entre os fungicidas, as concentrações e a interação. A percentagem de inibição foi reduzida à medida que a concentração

Quadro 16. Avaliação *in vitro* **de diferentes fungicidas sistémicos e não sistémicos contra** *Colletotrichum melongenae*

| Sl. No. | Fungicides | Per cent inhibition over control | | | | Mean |
| | | Concentration | | | | |
		0.25 (%)	0.5 (%)	0.75 (%)	1.0 (%)	
1	Captaf (25 WP)	52.00 (46.14)*	62.67 (52.33)	72.00 (58.05)	82.67 (65.40)	67.33 (55.48)
2	Carbendazim (50 WP)	100.00 (89.71)	100.00 (89.71)	100.00 (89.71)	100.00 (89.71)	100.00 (89.71)
3	Chlorothalonil (75 WP)	22.67 (28.42)	47.00 (43.27)	83.23 (65.65)	93.42 (74.68)	61.41 (53.01)
4	Copper oxychloride (75 WP)	77.00 (89.71)	100.00 (89.71)	100.00 (89.71)	100.00 (89.71)	94.25 (82.62)
5	Difenconazole (25 EC)	42.00 (40.39)	57.00 (49.02)	62.33 (52.15)	77.00 (61.34)	59.58 (50.72)
6	Hexaconazole (5 SC)	100.00 (89.71)	100.00 (89.71)	100.00 (89.71)	100.00 (89.71)	100.00 (89.71)
7	Propiconazole (25 EC)	100.00 (89.71)	100.00 (89.71)	100.00 (89.71)	100.00 (89.71)	100.00 (89.71)
8	Tebuconazole (26 EC)	13.00 (21.12)	16.00 (23.55)	22.67 (28.42)	37.00 (37.46)	22.16 (27.64)
	Mean	63.33 (58.32)	72.83 (65.88)	80.00 (70.39)	86.20 (74.71)	75.59 (67.40)

	Fungicides	Concentration	F×C
SEm±	0.78	0.54	1.5
CD@1%	2.38	1.64	4.7
CV	1.05		

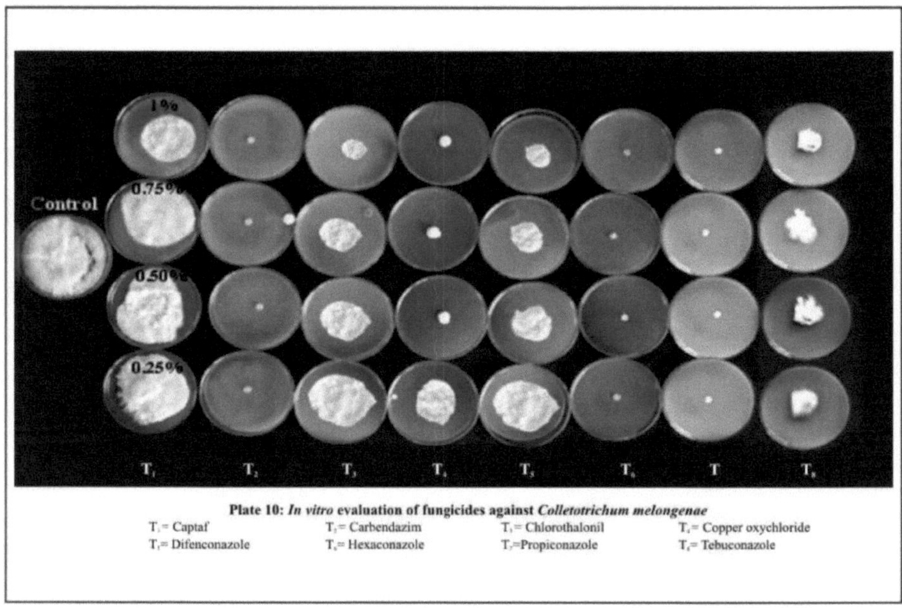

Plate 10: *In vitro* evaluation of fungicides against *Colletotrichum melongenae*

T₁= Captaf	T₂= Carbendazim	T₃= Chlorothalonil	T₄= Copper oxychloride
T₅= Difenconazole	T₆= Hexaconazole	T₇=Propiconazole	T₈= Tebuconazole

Tabela 17. Avaliação *in vitro* **de diferentes fungicidas sistémicos e não sistémicos contra** *Phomopsis vexans*

Sl. No.	Fungicides	Per cent inhibition over control				Mean
		Concentration				
		0.25 (%)	0.5 (%)	0.75 (%)	1.0 (%)	
1	Captaf (25 WP)	18.33 (25.33)*	30.00 (33.20)	48.67 (44.23)	63.33 (52.73)	40.08 (38.89)
2	Carbendazim (50 WP)	100.00 (89.71)	100.00 (89.71)	100.00 (89.71)	100.00 (89.71)	100.00 (89.71)
3	Chlorothalonil (75 WP)	48.33 (44.04)	52.00 (46.14)	64.67 (53.52)	77.33 (61.58)	60.58 (51.32)
4	Copper oxychloride (75 WP)	17.67 (24.81)	38.00 (38.05)	47.67 (43.67)	73.00 (58.69)	44.08 (41.30)
5	Difenconazole (25 EC)	81.67 (64.67)	88.00 (69.78)	92.00 (73.59)	100.00 (89.71)	90.41 (74.43)
6	Hexaconazole (5 SC)	100.00 (89.71)	100.00 (89.71)	100.00 (89.71)	100.00 (89.71)	100.00 (89.71)
7	Propiconazole (25 EC	82.00 (64.90)	93.67 (75.49)	100.00 (89.71)	100.00 (89.71)	93.91 (79.95)
8	Tebuconazole (26 EC)	100.00 (89.71)	100.00 (89.71)	100.00 (89.71)	100.00 (89.71)	100.00 (89.71)
	Mean	68.50 (61.61)	75.20 (66.47)	81.62 (71.73)	89.20 (77.69)	78.63 (69.37)

	Fungicides	Concentration	F×C
SEm±	0.88	0.61	1.75
CD@1%	2.67	1.86	5.24
CV	1.16		

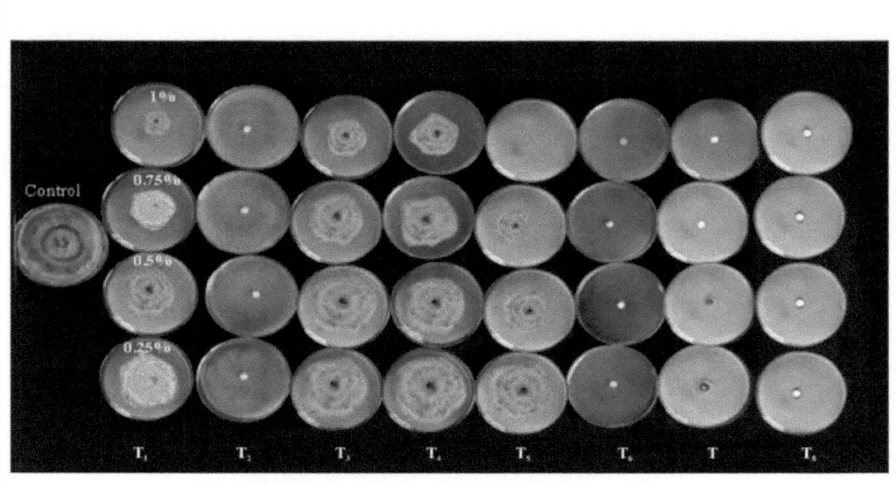

Plate 11: *In vitro* **evaluation of fungicides against** *Phomopsis vexans*

T₁= Captaf,   T₂= Carbendazim   T₃= Chlorothaloni   T₄= Copper oxychloride

T₅= Difenconazole   T₆= Hexaconazole   T₇= Propiconazole   T₈= Tebuconazole

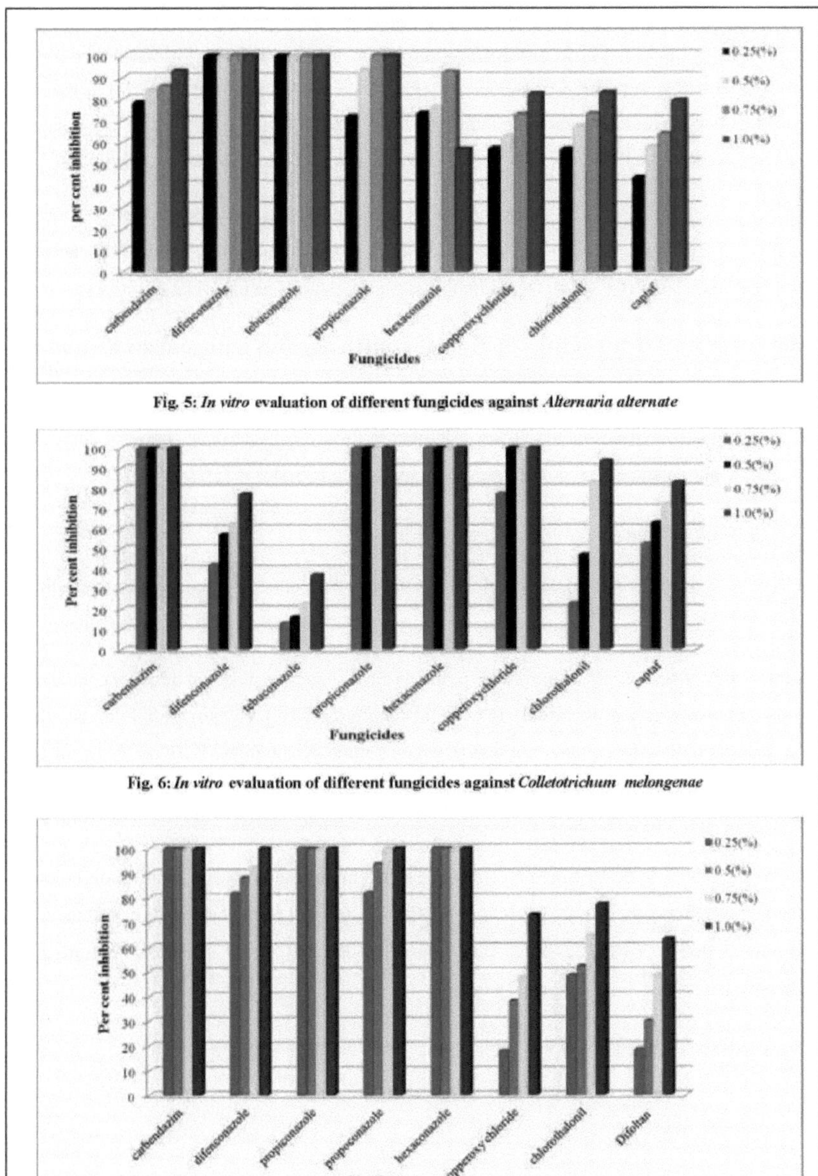

Fig. 5: *In vitro* evaluation of different fungicides against *Alternaria alternate*

Fig. 6: *In vitro* evaluation of different fungicides against *Colletotrichum melongenae*

Fig. 7: *In vitro* evaluation of different fungicides against *Phomopsis vexans*

dos fungicidas aumentou de 0,25 por cento para 1,00 por cento. A percentagem média de inibição do carbendazim, do hexaconazol e do tebuconazol foi de 100%, uma vez que inibiram 100% do crescimento de

Phomopsis vexans em todas as concentrações testadas. Os resultados estão representados na Fig. 7.

A uma concentração de 0,5 por cento, o carbendazim, o tebuconazol e o hexaconazol registaram uma inibição de 100 por cento, seguidos do propiconazol (93,67%) e do difenconazol (88,00%). A menor inibição do crescimento micelial foi registada no captaf (30,00%). Verifica-se que, à medida que a concentração aumenta, a inibição percentual do crescimento micelial também aumenta em todos os fungicidas.

No que se refere à interação entre fungicidas e concentrações, o carbendazim, o tebuconazol e o hexaconazol registaram uma inibição de 100% em todas as concentrações. A menor inibição micelial foi observada no caso do captaf (63,33%). Os resultados são apresentados na placa11.

4.7 Avaliação *in vitro* de produtos botânicos contra agentes patogénicos da podridão dos frutos

A atividade antifúngica de oito extractos de plantas foi avaliada em duas concentrações, utilizando a técnica do alimento envenenado, tal como descrito no material e métodos.

4.7.1 *Alternaria alternata*

A Tabela 18 mostrou que existe uma diferença significativa entre os tratamentos no que diz respeito à percentagem de inibição do crescimento radial.

A uma concentração de 5%, o extrato de bolbo de alho e o extrato de bolbo de cebola registaram ambos uma inibição máxima, seguidos do extrato de fruto de kokum (50,36%), do extrato de folha de clerodendron (50,36%) e do extrato de folha de lantana e do extrato de rizoma de curcuma (48,14%). A menor inibição foi registada no extrato de semente de nim (38,14%). Isto é mostrado na placa 9. Os resultados estão representados na Fig (8) e são mostrados na Placa 12.

A uma concentração de 10%, a inibição mais elevada foi registada no extrato de alho e bolbo de cebola (100%), seguido do extrato de rizoma de curcuma (61,62%), que está a par do extrato de clerodendro (61,10%). A inibição mínima de 50,73% foi observada no extrato de folhas de baqueta, seguido do extrato de frutos de kokum (52,59%).

Tabela 18. Avaliação *in vitro* **de produtos botânicos contra** *Alternaria alternata*

Sl. No	Common name	Per cent inhibition		
		5%	10%	Mean
1	Clerodendron leaf extract	50.36 (45.21)*	61.10 (51.41)	55.73 (48.31)
2	Drumstick leaf extract	42.96 (40.95)	50.73 (45.42)	46.84 (43.18)
3	Garlic bulb extract	100.00 (89.71)	100.00 (89.71)	100.00 (89.71)
4	Kokum fruit extract	50.36 (45.20)	52.59 (46.48)	51.47 (45.84)
5	Lantana leaf extract	48.14 (43.93)	60.36 (50.98)	54.25 (47.45)
6	Neem seed kernel extract	38.14 (38.13)	75.18 (60.14)	56.66 (49.13)
7	Onion bulb extract	100.00 (89.71)	100.00 (89.71)	100.00 (89.71)
8	Turmeric rhizome extract	48.14 (43.93)	61.62 (51.72)	54.88 (47.82)
	SEm±	1.08	1.04	1.06
	CD@ 1%	3.29	3.16	3.25
	CV	3.1	2.59	2.85

*Os valores apresentados entre parênteses são valores angulares transformados.

A 10 por cento de concentração todos os botânicos foram considerados eficazes do que a 5 por cento. Esta situação é ilustrada na placa 13.

4.7.2 *Colletotrichum melongenae*

A Tabela 19 mostrou que existe uma diferença significativa entre os tratamentos no que diz respeito à percentagem de inibição do crescimento radial.

A 5 por cento de concentração, o extrato de bolbo de alho registou a maior inibição (100%), seguido do extrato de bolbo de cebola (86,33%) e do extrato de fruto de kokum (72,33%). O extrato de folha de Lantana (22,33%) foi igual ao extrato de rizoma de curcuma (19,66%). A inibição mais baixa foi registada no extrato de folha de baqueta (12,33%). Isto é mostrado na Placa 12 e representado na Fig. 9.

A 10 por cento de concentração, a inibição máxima do crescimento radial foi registada no extrato de alho e bolbo de cebola (100%), seguido do extrato de fruto de kokum (86,33%) e do extrato de semente de neem (52,33%). A menor inibição do crescimento radial do micélio foi observada no extrato de folhas de baqueta (25,66%). Isto é mostrado na Placa 13.

4.7.3 *Phomopsis vexans*

A Tabela 20 mostrou que existe uma diferença significativa entre os tratamentos no que diz respeito à percentagem de inibição do crescimento radial.

A uma concentração de 5%, o extrato de bolbo de alho e o extrato de rizoma de curcuma registaram a maior inibição (100%), seguidos do extrato de fruto de kokum (65,00%) e do extrato de semente de neem (45,66%). O extrato de folha de Lantana registou 31,33%, o que foi igual ao extrato de folha de baqueta (30,33%). A inibição mais baixa foi registada no extrato de folhas de baqueta (30,33%). Este facto está representado na placa 12. Os resultados são apresentados na Fig. 10.

A 10 por cento de concentração, a inibição máxima do crescimento radial foi registada no extrato de alho e bolbo de cebola, extrato de fruto de kokum e extrato de rizoma de curcuma, todos (100%). O extrato de folhas de Lantana (61,00%), o extrato de folhas de clerodendron (52,00%) e o extrato de sementes de neem (51,00%). A menor inibição do crescimento radial do micélio foi observada no extrato de folhas de baqueta (43,66%). Todas as plantas

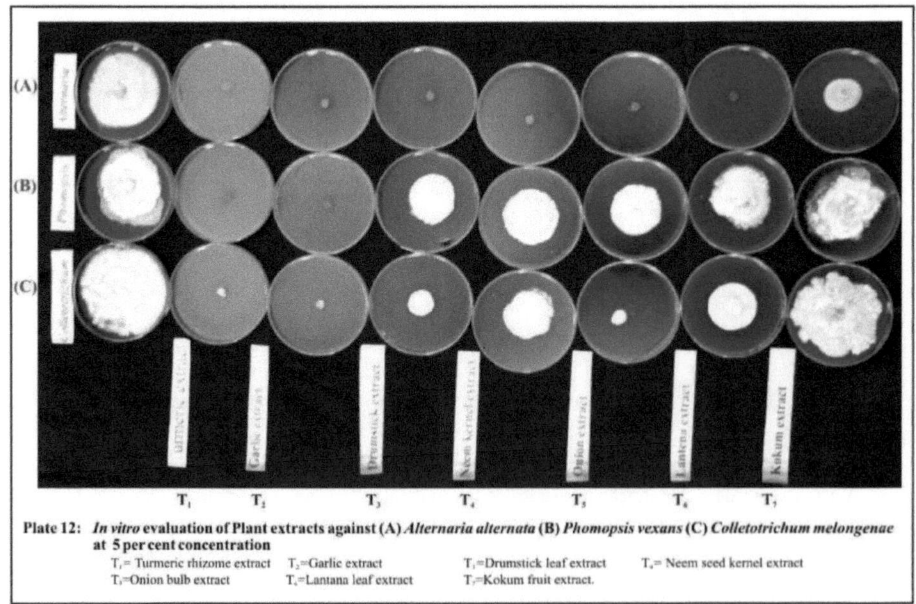

Plate 12: *In vitro* evaluation of Plant extracts against (A) *Alternaria alternata* (B) *Phomopsis vexans* (C) *Colletotrichum melongenae* at 5 per cent concentration

T₁= Turmeric rhizome extract   T₂=Garlic extract   T₃=Drumstick leaf extract   T₄= Neem seed kernel extract
T₅=Onion bulb extract   T₆=Lantana leaf extract   T₇=Kokum fruit extract.

Tabela 19. Avaliação *in vitro* **de produtos botânicos contra** *Colletotrichum melongenae*

Sl. No	Common name	Per cent inhibition		
		5%	10%	Mean
1	Clerodendron leaf extract	27.33 (31.50)*	39.00 (38.63)	33.16 (35.06)
2	Drumstick leaf extract	12.33 (20.49)	25.66 (30.42)	18.99 (25.45)
3	Garlic bulb extract	100.00 (89.71)	100.00 (89.71)	100.00 (89.71)
4	Kokum fruit extract	72.33 (58.28)	86.33 (68.40)	79.33 (63.34)
5	Lantana leaf extract	22.33 (28.18)	44.00 (41.55)	33.16 (34.86)
6	Neem seed kernel extract	40.33 (39.42)	52.33 (46.36)	42.33 (42.89)
7	Onion bulb extract	86.33 (68.40)	100.00 (89.71)	93.16 (79.05)
8	Turmeric rhizome extract	19.66 (26.31)	29.00 (32.55)	24.33 (29.43)
SEm±		0.42	0.89	0.65
CD@ 1%		1.37	2.71	2.04
CV		3.16	3.9	3.53

*Os valores apresentados entre parêntesis são valores angulares transformados.

Tabela 20. Avaliação *in vitro* **de produtos botânicos contra** *Phomopsis vexans*

Sl. No	Common name	Percent inhibition		
		5%	10%	Mean
1	Clerodendron leaf extract	35.66 (36.65)*	52.00 (46.14)	43.80 (41.39)
2	Drumstick leaf extract	30.33 (33.41)	43.66 (41.36)	37.16 (87.38)
3	Garlic bulb extract	100.00 (89.71)	100.00 (89.71)	100.00 (89.71)
4	Kokum fruit extract	65.00 (53.76)	100.00 (89.71)	82.50 (71.73)
5	Lantana leaf extract	31.33 (33.97)	61.00 (51.35)	46.16 (42.86)
6	Neem seed kernel extract	45.66 (42.50)	51.00 (45.57)	48.33 (44.03)
7	Onion bulb extract	41.66 (40.18)	100.00 (89.71)	70.83 (64.94)
8	Turmeric rhizome extract	100.00 (89.71)	100.00 (89.71)	100.00 (89.71)
SEm±		0.40	0.75	095
CD@ 1%		1.21	2.27	2.85
CV		3.9	3.32	3.61

*Os valores apresentados entre parêntesis são valores angulares transformados.

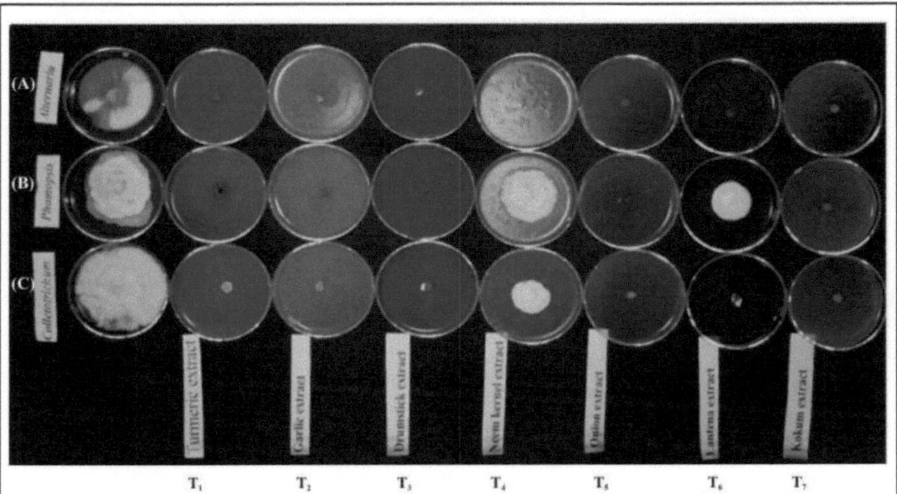

Plate 13: *In vitro* **evaluation of Plant extracts against** *Alternaria alternata* (A) *Colletotrichum melongenae* (B) *Phomopsis vexans* (C) **at 10 per cent concentration**

T_1 = Turmeric rhizome extract T_2=Garlic extract T_3=Drumstick leaf extract T_4= Neem seed kernel extract

T_5= Onion bulb extract T_6=Lantana leaf extract T_7=Kokum fruit extract

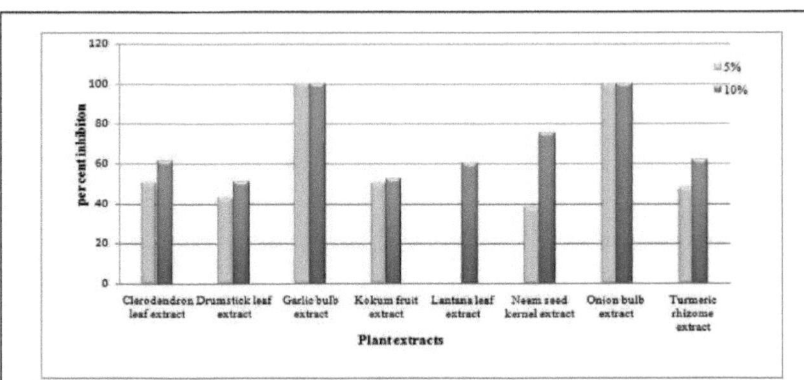

Fig. 8: Evaluation of different plant extracts on the growth of *Alternaria alternata* **under** *in vitro* **conditions**

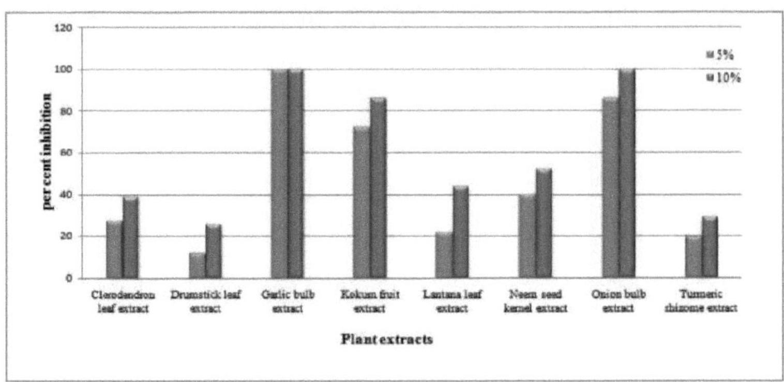

Fig. 9: Evaluation of different plant extracts on the growth of *Colletotrichum melonganae* **under** *in vitro* **conditions**

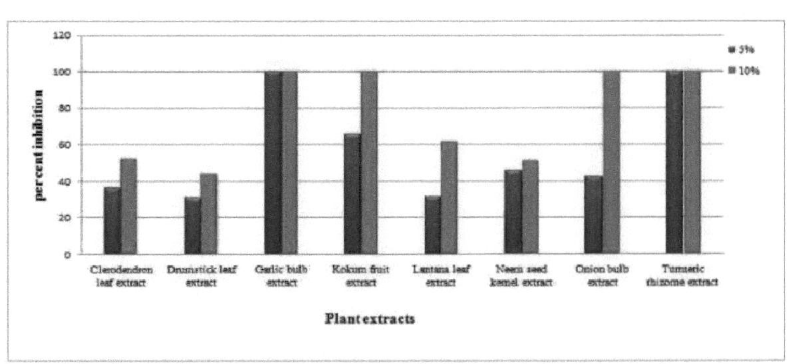

Fig. 10: Evaluation of different plant extracts on the growth of *Phomopsis vexans* **under** *in vitro* **conditions**

Os extractos a 10 por cento de concentração foram considerados superiores a cinco por cento de concentração.

Este facto é mostrado na Placa 10 e representado na Placa 13.

4.8 Avaliação *in vitro* de agentes de biocontrolo contra agentes patogénicos da podridão dos frutos

A atividade antagonista de cinco estirpes de *Trichoderma harzianum, Bacillus subtilis* e *Pseudomonas fluorescens* foi testada contra *A. alternata, C. melongenae* e *P.vexans,* através da técnica de placa dupla, tal como explicado no material e métodos. Os resultados são apresentados a seguir. Os resultados são apresentados na placa 14.

4.8.1 *Alternaria alternata*

Os resultados revelaram que, entre todos os agentes de biocontrolo testados, *Trichoderma harzianum-72* (87,00%) foi mais eficaz na inibição do crescimento micelial de *Alternaria alternata* do que todos os outros tratamentos. *T harzianum-21* (83,00%), *T. harzianum-29* (81,32%) e *T. harzianum-28* (80,00%) foram os seguintes e a menor inibição micelial foi observada no caso de *B. subtilis* (7,66%) e *P. fluorescens* (12,00%) (tabela 21). Os resultados estão representados na Fig.1 e apresentados na Placa 14.

4.8.2 *Colletotrichum melongenae*

A percentagem de inibição do crescimento micelial de *C. melongenae* por microrganismos antagonistas é apresentada no quadro 21. Estudos *in vitro* sobre o antagonismo de agentes de biocontrolo em *C. melongenae* revelaram que, em geral, os bioagentes fúngicos foram considerados melhores do que os bioagentes bacterianos. *O T. harzianum-p* mostrou uma inibição máxima de *C.melongenae* (73,66%) que foi igual à do *T. harzianum-21* (72,00%), o *T. harzianum-29* e o *T. harzianum-28* foram os seguintes com uma inibição de 64,66%. O menor efeito antagónico foi observado no caso de *B. subtilis* (6,66%) e *P. fluorescens* (22,00%). Os resultados estão representados na Fig. 12 e na Placa 14.

4.8.3 *Phomopsis vexans*

O quadro 21 revela que houve uma diferença significativa entre os tratamentos no que respeita à percentagem de inibição do crescimento micelial de *Phomopsis vexans.*

Tabela 21. Avaliação *in vitro* **de bio-agentes contra** *Alternaria alternata, Colletotrichum melongenae e Phomopsis vexans.*

Sl. No	Bio-agents	Percent inhibition of mycelial growth		
		Alternaria alternata	*Colletotrichum melongenae*	*Phomopsis vexans*
1	*Trichoderma*-21	83.00 (65.65)*	72.00 (58.05)*	56.33 (48.63)*
2	*Trichoderma* -28	80.00 (63.43)	64.66 (53.53)	63.00 (52.53)
3	*Trichoderma* -29	81.33 (64.40)	64.66 (53.52)	64.33 (53.32)
4	*Trichoderma* -72	87.00 (68.87)	61.00 (51.35)	57.33 (49.21)
5	*Trichoderma* -P	61.00 (51.35)	73.66 (59.13)	70.66 (57.20)
6	*Pseudomonas fluorescens*	12.00 (20.25)	22.00 (27.96)	9.33 (17.78)
7	*Bacillus subtilis*	7.66 (16.02)	6.66 (14.89)	6.66 (14.89)
	SEm±	0.52	0.62	0.50
	CD@ 1%	1.55	1.92	1.54
	CV	1.61	2.07	1.85

* Os valores apresentados entre parênteses são valores angulares transformados.

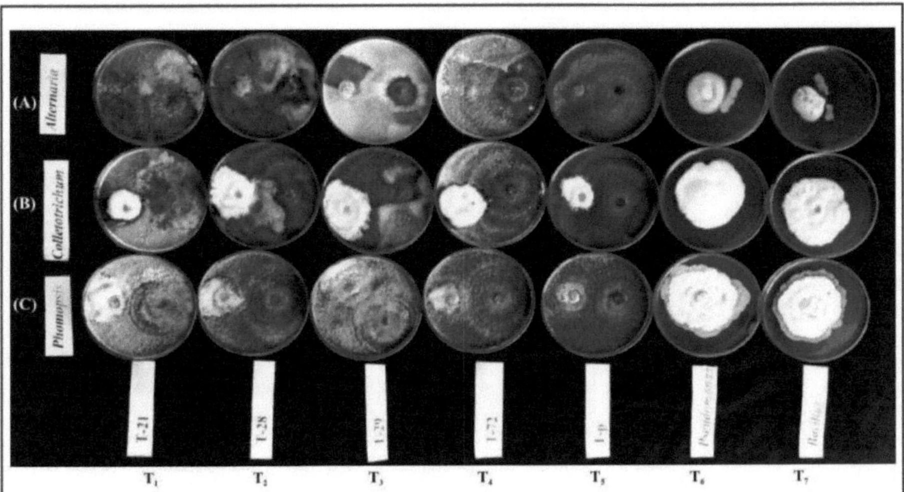

Plate 14: *In vitro* evaluation of bio agents against *Alternaria alternata* (A), *Colletotrichum melongenae* (B) and *Phomopsis vexans* (C)

T₁=*Trichoderma strain-2*   T₃=*Trichoderma strain-28*   T₅=*Trichoderma strain-29*   T₄=*Trichoderma strain-72*
T₅=*Trichoderma strain-P*   T₆=*Pseudomonas flouroscence.*   T₇=*Bacillus.*

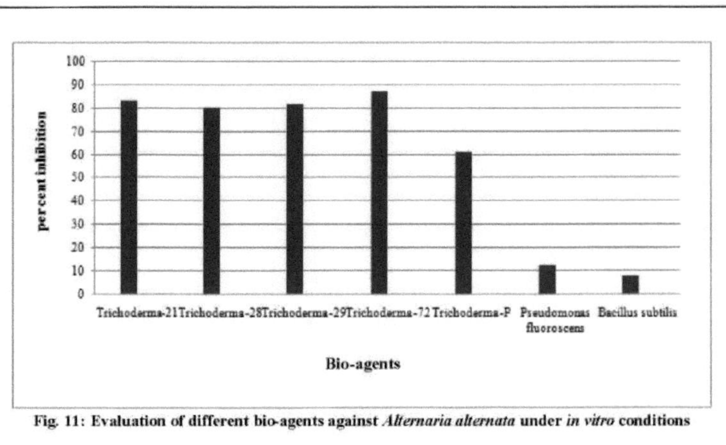

Fig. 11: Evaluation of different bio-agents against *Alternaria alternata* under *in vitro* conditions

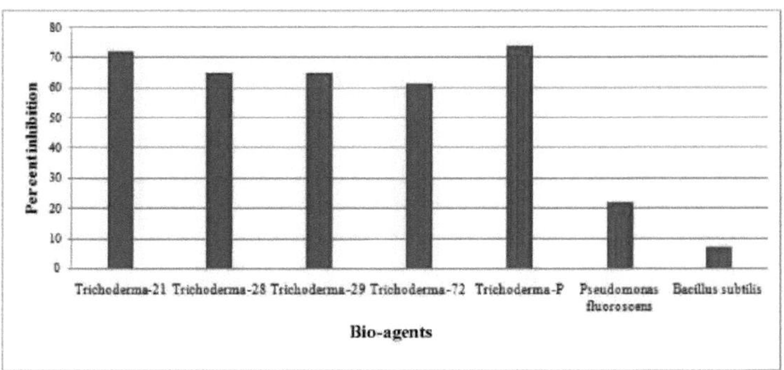

Fig. 12: Evaluation of different bio-agents against *Colletotrichum melonganae* under *in vitro* conditions

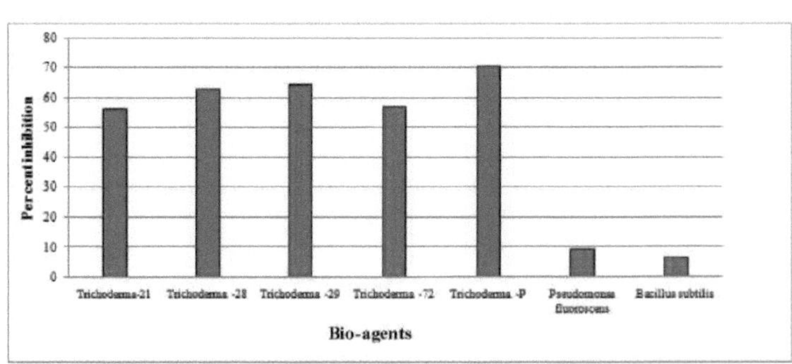

Fig. 13: Evaluation of different bio-agents against *Phomopsis vexans* under *in vitro* conditions

Os resultados da experiência revelaram que a inibição mais elevada foi observada no *T. harzianum-p* (70,66%), que foi significativamente superior a todos os outros bioagentes, seguido do *T.* harzianum-29

(64,33%) e do *T.* harzianum-28 (63,00%), que estavam a par e a seguir. A menor inibição foi observada no caso de *B. subtilis* (6,66%) e *P. fluorescens* (9,33%). Os resultados estão representados na Fig. 13 e apresentados na Placa 14.

4.9 Avaliação no terreno de diferentes fungicidas e agentes de biocontrolo

Foi realizada uma experiência durante o mês de março de 2015, utilizando dez fungicidas e um agente de biocontrolo para a gestão da podridão dos frutos de brinjal em condições de campo. Foram efectuadas três pulverizações de todos os tratamentos com um intervalo de 15 dias. Os dados sobre o índice percentual de doença e o rendimento foram submetidos a uma análise estatística e os resultados são apresentados no quadro 22. O resultado assim obtido revelou que os tratamentos diferem no que respeita à percentagem de podridão dos frutos e ao rendimento (q/ha). A vista geral da parcela de gestão é mostrada na Placa 15.

A Tabela 22 revelou que todos os tratamentos reduziram significativamente a percentagem de podridão dos frutos em comparação com o controlo não tratado. Durante uma pulverização de 1st , o clorotalonil @ 0,2% registou (4,90) menos percentagem de podridão dos frutos do que todos os outros tratamentos, seguido de azoxistrobina @ 0,1% (6,50), captaf @ 0,1% (7,45), que foi igual a carbenda zim @ 0,1% (7,24) e superior ao controlo. O controlo não tratado registou um PDI máximo (23,00). O agente de biocontrolo *Trichoderma* (Krishnaprabha - produto da UHSB) registou 12,33% de podridão de frutos, o que foi igual ao tebuconazole @ 0,1% (11,66) e propiconazole @ 0,1% (11,66).

No que diz respeito à percentagem de redução da doença em relação ao controlo, a redução máxima foi registada pelo clorotalonil @ 0,2% (78,69) seguido pela azoxistrobina @ 0,1% (71,73). A menor redução foi registada com propiconazole @ 0,1% (49,30) e tebuconazole @ 0,1% (49,30).

Os dados obtidos depois de 2 pulverizações[nd] revelaram que há uma diferença significativa entre os tratamentos: o clorotalonil @ 0,2% registou 4,16% de podridão dos frutos, o que é significativamente o menor em relação a todos os outros tratamentos, mas a par da azoxistrobina @ 0,1% (5,33%), carbendazim @ 0,1% (6,41%) e captaf 6,41%.

A percentagem mais elevada de podridão de frutos foi registada no controlo (18,00), seguida de oxicloreto de cobre @ 0,2% (13,66%), tebuconazol (11,51%) e agente de biocontrolo (produto Krishnaprabha-UHSB) (11,33%). No que diz respeito à percentagem de controlo de doenças, a mais elevada foi registada por clorotalonil @ 0,2% (76,88), seguida de azoxistrobina @ 0,1% (70,38) e carbendazim @ 0,1% (64,43).

Foi observado a partir dos dados registados na altura da pulverização 3rd que todos os tratamentos reduziram significativamente a percentagem de podridão dos frutos em comparação com o controlo não tratado. O clorotalonil @ 0,1% (2,35%) registou o menor índice de podridão dos frutos do que todos os outros tratamentos, seguido da azoxistrobina @ 0,1 (4,19%), captaf @ 0,1 (4,25%), que foi igual ao carbendazim @ 0,1 (5,16%) e superior ao controlo. O controlo não tratado registou um índice de doença máximo de 22,24%. O agente de biocontrolo *Trichoderma* (produto Krishnaprabha-UHSB) registou 10,30% de podridão dos frutos, o que foi igual ao Tebuconazole @ 0,1% (8,46%) e ao Propiconazole @ 0,1% (8,44%).

No que diz respeito à percentagem de controlo da doença, o máximo foi observado em cholorothalonil @ 0,2% (89,71), seguido de azoxistrobina @ 0,1 (80,95) e captaf @ 0,1% (80,68). A menor percentagem de controlo da doença foi registada em tebuconazole @ 0,1% (61,15).

Os dados relativos ao rendimento revelaram que o colorothalonil @ 0,1% registou o maior rendimento (240,27 q/ha) seguido do carbendazim @ 0,1% registado (225,80 q/ha) e do tebuconazole @ 0,1% (215,50 q/ha), que é significativamente superior aos bioagentes (160,14 q/ha) e ao controlo não tratado. O controlo não tratado registou o rendimento mais baixo de 121,00 q/ha.

A economia de diferentes tratamentos fungicidas também foi estudada e representada na Tabela 23. A pulverização de clorotalonil @ 0,2% provou ser o tratamento mais económico (rácio BC =9,02) seguido de carbendazim @ 0,1% (rácio BC =8,82), o que está representado no quadro 23. É evidente, a partir da presente investigação, que a podridão dos frutos de brinjal pode ser gerida eficazmente pelas três pulverizações de clorotalonil @ 0,2% e carbendazim @ 0,1% sob condições de bagalkot com retorno líquido de Rs 320463/- seguido de carbendazim Rs. 300303/- sobre o controlo, respetivamente.

Plate 15: Photograph showing general view of the management experimental plot

Tabela 22. Gestão da podridão dos frutos da brinjalina em condições de campo utilizando fungicidas e bioagentes durante o Afturif2013-14

Sl. No	Treatment	Per cent fruit rot (PDI) 1st spray	Reduction over control (%)	Per cent fruit rot (PDI) 2nd spray	Reduction over control (%)	Per cent fruit rot (PDI) 3rd spray	Reduction over control (%)	Yield of good fruits (q/ha)
1	Azoxystrobin (0.1%)	6.50 (14.76)*	71.73	5.33 (13.34)*	70.38	4.19 (14.74)*	80.95	205.20
2	Captaf (0.1%)	7.45 (15.80)	67.60	6.41 (14.66)	64.38	4.25 (15.22)	80.68	175.42
3	Carbendazim (0.1%)	7.24 (15.61)	68.52	6.41 (14.65)	64.43	5.16 (14.79)	76.65	225.80
4	Cholorothalonil (0.2%)	4.90 (12.79)	78.69	4.16 (11.74)	76.88	2.35 (13.29)	89.31	240.27
5	Copper oxychloride (0.1%)	17.10 (24.42)	25.65	13.66 (21.67)	27.77	12.20 (19.38)	44.54	157.20
6	Difenconazole (0.1%)	9.32 (17.77)	59.47	7.73 (16.13)	57.05	7.53 (17.63)	65.77	184.16
7	Hexaconazole (0.1%)	8.30 (16.74)	63.91	8.00 (16.40)	55.55	6.21 (16.94)	71.17	160.25
8	Propiconazole (0.1%)	11.66 (19.94)	49.30	10.41 (18.82)	42.21	8.44 (18.53)	61.16	194.15
9	Tebuconazole (0.1%)	11.66 (19.96)	49.30	11.51 (19.81)	36.05	8.46 (18.20)	61.15	215.50
10	*Trichoderma* (UHSB Product)	12.33 (20.53)	46.39	11.43 (19.76)	36.50	10.30 (19.32)	53.18	160.14
11	Control	23.00 (28.64)	-	18.00 (24.94)		22.24 (29.49)		121.00
	SEm±	0.71		1.19		1.28		1.04
	CD @ 0.05%	2.14		3.58		3.86		3.06

* Os valores apresentados entre parênteses são valores angulares transformados.

Quadro 23. Economia do controlo químico da podridão dos frutos da brinjal

Sl. No.	Treatments	Yield (q/ha)	Price/ qt	Total returns/ha	Cost of cultivation/ha	Cost of treatment (chemical cost+ 3 spray charges)	Total cost/ha	B:C	Net return/ha
	(1)	(2)	(3)	(4)	(5)	(6)	(7=5+6)	(8=4/7)	(9=4-7)
1	Azoxystrobin	205.00	1500	307500	37302	5100	42402	7.25	265098
2	Captaf	175.42	1500	263130	37302	1020	38322	6.86	224808
3	Carbendazim	225.80	1500	338700	37302	1095	38397	8.82	300303
4	Chlorothalonil	240.27	1500	360405	37302	2640	39942	9.02	320463
5	Copper oxychloride	157.20	1500	235800	37302	1545	38847	6.06	196953
6	Difenconazole	184.16	1500	276240	37302	2100	39402	7.01	236838
7	Hexaconazole	160.25	1500	240375	37302	945	38247	6.28	202128
8	Propiconazole	194.15	1500	291225	37302	1575	38877	7.49	252348
9	Tebuconazole	215.50	1500	323250	37302	3909	41211	7.84	282039
10	*Trichoderma*	160.14	1500	240210	37302	900	38202	6.28	202008
11	Control	121.00	1500	181500	37302	0.00	37302	4.86	144198

CAPÍTULO 5
5. DISCUSSÃO

A couve-brinjal (*Solanum melongena* L.) é uma importante cultura hortícola solanácea da Índia. Trata-se de uma cultura perene, mas cultivada como anual em todas as regiões do país, exceto em altitudes mais elevadas. É uma cultura da estação das chuvas ou *kharif*, mas é cultivada durante todo o ano. Verificou-se que muitas doenças fúngicas infectam o brinjal. A podridão dos frutos causada por *Alternaria alternata, Colletotrichum melongenae* e *Phomopsis vexans* é uma doença importante observada de forma grave desde há alguns anos no distrito de Bagalkot e nas zonas próximas.

O isolamento foi efectuado a partir da parte infetada dos tecidos do fruto. A cultura foi purificada pela técnica do esporo único. Com base em caracteres morfológicos e de colónia, os fungos foram tentativamente identificados como *Alternaria alternata, Colletotrichum melongenae* e *Phomopsis vexans*. A identidade dos fungos foi posteriormente confirmada pelo Instituto de Investigação Agharkar de Pune.

Na presente investigação, *Alternaria alternata* foi isolada dos frutos infectados de brinjal e verificou-se que produzia sintomas típicos de podridão frutífera de brinjal por *Alternaria* após 7 dias de incubação. Os sintomas mais reconhecíveis eram pequenas manchas necróticas circulares, de cor castanho-escura, cobertas por um crescimento profundo e esverdeado do fungo. *Colletotrichum melongenae* foi isolado a partir de pequenas manchas circulares que coalescem para formar grandes manchas elípticas nos frutos e lesões que foram acompanhadas pela erupção de massas de esporos viscosos e cor-de-rosa na superfície. *A Phomopsis vexans foi isolada a* partir de minúsculas manchas acinzentadas, circulares, embebidas em água e afundadas, com uma auréola acastanhada e com um centro de cor brilhante com anéis concêntricos na superfície dos frutos infectados.

O fungo de teste *Alternaria alternata* foi considerado patogénico durante o presente estudo. O fungo *Alternaria alternata* foi considerado patogénico em várias culturas de solanáceas, como a brinjal, a malagueta, a batata e o tomate (Kapoor e Hingorani, 1958, Khodke *et al.*, 2000, Mangala *et al.*, 2006, Tziros *et al.*, 2008). Singh e Singh (1987) isolaram *Alternaria alternata* de sementes de brinjal e referiram que é patogénica. Khodke e Gahukar (1993) isolaram *Alternaria alternata* de plantas doentes de malagueta e confirmaram a sua patogenicidade.

A Phomopsis vexans foi considerada patogénica durante o presente estudo. Singh *et al.* (1992) efectuaram o teste de patogenicidade, cujos resultados revelaram que a doença causada pela *Phomopsis vexans* se apresenta sob várias formas, desde a fase de plântula da planta até à sua maturidade. Pan *et al.* (1995) recolheram diferentes amostras de sementes de brinjal em Bengala Ocidental e provaram a patogenicidade de *Phomopsis vexans*. Thippeswamy *et al.* (2006) realizaram uma experiência e provaram a patogenicidade de *Phomopsis vexans*

Foi efectuado um estudo pormenorizado em algumas partes do norte de Karnataka para recolher informações sobre a incidência e a propagação de *Alternaria alternata, Colletotrichum melongenae* e *Phomopsis vexans*, que causam o apodrecimento dos frutos da beringela em diferentes localidades do distrito de Bagalkot. Esta informação é muito útil para identificar os pontos quentes desta doença no distrito de Bagalkot, onde a beringela é amplamente cultivada como cultura comercial. A partir do inquérito, é evidente que a incidência desta doença variou de localidade para localidade, dependendo do tipo de variedade cultivada e das práticas de gestão seguidas. A incidência da doença também dependia da carga de inóculo e das condições ambientais prevalecentes nas diferentes localidades. Entre os diferentes taluks inquiridos, o índice de doença mais elevado (54,66) de podridão dos frutos foi observado na aldeia de Belur, no taluka de Bagalkot, e o mais baixo (13,00) na aldeia de Kamblihal, no taluka de Hunagunda, indicando que a doença não era consistente em todas as localidades. Estes resultados estão em conformidade com Hossain *et al.* (2010), que realizaram um estudo sobre as principais doenças das culturas hortícolas e frutícolas, incluindo a podridão dos frutos da brinjal, na região de Chittagong, e constataram que a quantidade de perdas de culturas e frutos devido a uma determinada doença variava de local para local devido à existência de diferentes raças, biótipos ou estirpes do agente patogénico. Sharma *et al.* (2011) efectuaram um estudo periódico exaustivo das principais zonas de cultivo de brinjais da divisão de Jammu. O inquérito revelou a presença da doença em todos os locais, com percentagens de incidência e intensidade variáveis.

O apodrecimento dos frutos da brinjal foi mais grave no taluk de Bagalkot do que noutros taluks. Este facto pode dever-se às condições ambientais favoráveis e ao inóculo inicial prevalecente. Pode também dever-se ao crescimento contínuo da cultura. A variedade/híbrido utilizado, as práticas de cultivo e as práticas de gestão da doença no taluka de Bagalkot (que não pratica a rotação de culturas e as práticas de gestão, como se verificou durante o inquérito) variam em relação a outros taluka. Este facto pode ter contribuído para o rápido desenvolvimento da doença em fases posteriores do crescimento da cultura, quando as condições ambientais se tornaram favoráveis.

A nutrição desempenha um papel importante no crescimento e na esporulação do fungo. A fim de determinar o meio basal para o crescimento micelial e a esporulação de *Alternaria alternata, Colletotrichum melongenae* e *Phomopsis vexans*, foram testados *in vitro* nove meios sólidos diferentes. No que diz respeito a *Alternaria alternata*, entre os nove meios sólidos diferentes, o meio de Asthana e Hawker e o meio de dextrose de batata suportaram o crescimento micelial máximo (64,00 e 84,00 mm, respetivamente). Foi observada uma excelente esporulação do fungo aos 7th dias após a incubação. O crescimento micelial mínimo (37,00 e 51,92 mm, respetivamente) e a esporulação razoável foram observados no ágar Walksman aos 7th dias e aos 15th dias após a incubação. Seguiram-se o ágar de Sabouraud, o ágar de farinha de milho, o ágar dox de Czapeck, o ágar de farinha de aveia, o ágar de malte, o ágar de Richard e o ágar Walksman. O ágar dextrose de batata e os meios de Asthana e Hawker suportaram o crescimento micelial máximo (84,00 e 79,45 mm, respetivamente) aos 15th dias após a incubação.

As observações do presente estudo são contrárias aos resultados de Ionnsidis e Main (1973), que observaram um melhor crescimento e esporulação de *Alternaria alternata* em ágar dextrose de batata seguido de ágar de aveia. Singh *et al.* (2001) referiram que o meio de ágar dextrose de batata suportava melhor o crescimento micelial e a esporulação de *Alternaria alternata*, seguido do meio de Richard, do meio de ágar dox de Czapeck e do meio de Asthana. Ram *et al.* (2007) observaram um crescimento e uma esporulação máximos de *Alternaria alternata*, causadora do apodrecimento dos frutos de baga por *Alternaria,* em meio de ágar dextrose de batata. Saee d *et al.* (1995) referiram que *a Alternaria* crescia melhor em meio de ágar de Richard. Esta variação no crescimento dos fungos em todos os meios deve-se à composição dos diferentes meios e à fonte de carbono utilizada por eles. Para o crescimento de *A.alternata* , a dextrose, a maltose e a xilose foram fontes de carbono significativas (Patil *et al,* 2015).

No que diz respeito ao crescimento micelial e à esporulação de *Colletotrichum melongenae,* em nove meios sólidos diferentes testados *in vitro,* o meio de ágar de farinha de aveia suportou um crescimento micelial máximo e uma excelente esporulação do fungo aos 7th dias e 15th dias (73,00 e 87,40 mm, respetivamente) após a incubação, respetivamente. Seguiram-se o ágar de Sabouraud, o ágar dox de Czapeck, o ágar de Asthana e Hawker, o ágar de dextrose de batata, o ágar de farinha de milho, o ágar de malte, o ágar de Richard e o ágar de Walksman.

As observações do presente estudo estão em contradição com os resultados de Sudhakar *et al.* (2000), que observaram um crescimento micelial máximo de *Colletotrichum spp.* em ágar Sabouraud, seguido de ágar Richards e ágar Browns. Rani e Murthy (2004) referiram que os meios de ágar de Richards e de ágar de Brown suportaram melhor o crescimento micelial e a esporulação de *Colletotrichum gleosporiodes* no caju, seguidos do meio de Richard e do meio de ágar de farinha de milho. Ashoka (2005) referiu que o crescimento radial máximo de *Colletotrichum gloeosporioides* em ágar dextrose de batata (90,00 mm) e ágar de Richard (90,00 mm). Ekbote (1994) observou que o crescimento radial máximo de *Colletotrichum spp* (90 mm) em ágar de Richard, ágar de Brown e ágar dextrose de batata. Hiremath *et al.,* 1993, referiram que a cultura patogénica de *Colletotrichum gloeosporioides* apresentava um bom crescimento micelial, branco a acinzentado, com esporulação abundante em meios de Czapek, extrato de folha do hospedeiro, sacarose a dois por cento, ágar de farinha de aveia e ágar de Richard. Akthar (2002) referiu que o extrato fresco de batata era a melhor fonte para o isolamento de rotina e o cultivo de *Colletotrichum sp.* causador da antracnose da manga.

No que respeita ao crescimento e à esporulação de *Phomopsis vexans,* entre os nove meios sólidos diferentes, o ágar de Sabouraud e o ágar de farinha de aveia suportaram um crescimento micelial máximo (74,00 e 71,00 mm, respetivamente) e uma excelente esporulação do fungo, tanto aos 7th dias como aos 15th dias após a incubação. Seguiram-se o ágar de Richard, o ágar de malte, o ágar de dextrose de batata, o ágar de Walk, o ágar dox de Czapeck e o meio de Asthana e Hawker. O menor crescimento micelial foi observado no meio Asthana e Hawker'.

As observações da presente investigação estão em estreita conformidade com os resultados de Divinagracia *et al.* (1969) que relataram que *Phomopsis vexans* produz conidiomata abundante em meio de ágar de farinha de aveia 4-7% a 30°C sob luz. Porque a luz era necessária para a esporulação abundante de *P. vexans* e também com a de Harada *et al.* (1973), que descobriram que a formação de picnídios e esporos dependia da intensidade da luz e da temperatura ao trabalhar com *P. mail.* Também os resultados actuais estão de acordo com os resultados de Ekbote (1994) no caso de *C. gloeosporioides* e Hiremath *et al.* (1993) no caso de *C. gloeosporioides* que causa o míldio de Shisham. No entanto, Stefaniak *et al.* (2012), que registaram o crescimento de *Phomopsis vexans* em diferentes meios, concluíram que os meios PDA e Czapek-Dox foram considerados os mais adequados para fins de diagnóstico devido à formação de características macroscópicas e microscópicas nestes substratos. WU Ren-feng *et al.* (2013) mostraram que o meio de cultura ideal para o crescimento micelial era o ágar dextrose de batata.

A criação de variedades resistentes à doença tem sido um método eficaz, económico e prático de controlo da doença. O cultivo de variedades resistentes parece ser a melhor alternativa e a mais económica para manter a atividade do agente patogénico da podridão dos frutos sob controlo. Em todos os programas de melhoramento de culturas, o cultivo de variedades resistentes tem sido considerado a escolha adequada para combater a doença. A utilização de cultivares resistentes é talvez o método mais desejável de controlo de doenças nas culturas (Wharton e Dieguez-Uribeondo, 2004; Than *et al.*, 2008). Esta abordagem, segundo Voorrips *et al.* (2004), tem sido menos explorada nas culturas frutícolas e hortícolas, principalmente devido ao tempo mais longo necessário para a criação e seleção de resistência e à vantagem a curto prazo do controlo químico. Foram feitos esforços para localizar a fonte de resistência a esta doença na Índia.

Na presente investigação, a reação de diferentes genótipos contra a podridão dos frutos foi realizada em condições de campo. Sessenta genótipos de brinjal foram seleccionados contra a podridão dos frutos de brinjal em condições naturais, tal como descrito no material e métodos. Os dados revelaram que, entre os 60 genótipos avaliados, nenhum foi considerado imune. Dois genótipos, *a saber*, CBB-3 e CBB-26, foram considerados resistentes, 31 genótipos foram moderadamente resistentes e 27 genótipos apresentaram uma reação suscetível. Nenhum dos genótipos apresentou uma reação altamente suscetível. Os resultados são contrários às conclusões de Pandey *et al.* (2002) que realizaram uma experiência para avaliar 41 entradas de brinjal em condições epifitóticas naturais contra a doença *Phomopsis* blight. Entre as 41 linhas avaliadas, nenhuma das entradas foi considerada resistente à podridão dos frutos. Duas variedades, a saber, Ramanagar giant e KS-233, apresentaram resistência moderada e outras mostraram suscetibilidade. No entanto, tanto a DBR-91 como a Baramasi registaram uma elevada suscetibilidade com uma intensidade de podridão dos frutos de 4,72 / planta e uma percentagem de infeção dos frutos de 47,5% e 85%, respetivamente. No presente estudo, de acordo com a análise fenotípica, o CBB-1 e o CBB-26 foram considerados resistentes, pelo que os resultados acima referidos revelaram que podem ser utilizados nas estratégias de melhoramento do programa de melhoramento de culturas para desenvolver variedades resistentes.

Foram efectuados ensaios de ADN polimórfico amplificado aleatoriamente com 34 iniciadores aleatórios. Destes, 28 produziram bandas polimórficas e reprodutíveis. Num ensaio dos 13 iniciadores RAPD nas 22 cultivares, a semelhança genética variou de 0,01 a 0,93 de cada iniciador analisado. Toda a árvore de filogenia caiu em dois grupos, nomeadamente C1 & C2, utilizando o coeficiente de similaridade Jaccard de 0,01. O grupo C2 dividiu-se novamente em diferentes subgrupos, nomeadamente SCA e SCB, enquanto os restantes se inseriram no grupo SBA2. Entre todos os genótipos representados na árvore filogenética, a linha-3 (K12d1012-6) e a linha-11 (K12D1052-1) eram as mais afastadas entre si, enquanto a linha-17 (K12D1036-1) e a linha-21 (K12D1011-5) eram muito próximas. No entanto, Sharmin *et al.* (2011) relataram a variabilidade molecular e o parentesco de três progenitores e dois descendentes F5 através da técnica RAPD para verificar a continuidade do carácter de resistência. Os resultados revelaram que a cultivar resistente a *Phomopsis* BAU Begun-1, quando cruzada com duas cultivares - Dohazari G e Laffa, todas as plantas F1, F2, F3 e F4 apresentaram resistência (Islam 2006; Hasan 1990). Ibrahim *et al.* (2013) relataram a caraterização molecular de linhas F4 de plantas de ovo e revelaram que a técnica de DNA polimórfico amplificado aleatório foi usada para avaliar a variação genética e a relação entre as cultivares parentais e suas progênies F4 de berinjela. A amplificação com cinco primers decamer gerou 69,0% de bandas polimórficas. Foi observada uma distância genética comparativamente mais elevada entre Laffa S e green globose (Dohazari G x BAU Begun-1). As cultivares resistentes, como Kalenda, Aranquez, Zebrina, Aomura e Porcelaine, seleccionadas através da análise RAPD, podem ser utilizadas, se disponíveis, pelo agricultor. No entanto, estas cultivares devem ser usadas judiciosamente para evitar a degradação pelo agente patogénico (Messiaen, 1994; Daunay e Chadha, 2004).

Para descobrir as possibilidades de substituir os fungicidas por outros produtos ecológicos na gestão de doenças, foram testados *in vitro* extractos vegetais de alho, lantana, neem, cebola, kokum, curcuma, baqueta e clerodendro contra o crescimento micelial e a esporulação de *Alternaria alternata, Colletotrichum melongenae e Phomopsis vexans*. Na presente investigação, o alho e o extrato de bolbo de cebola foram considerados mais eficazes contra o crescimento micelial e a esporulação de *Alternaria alternata*, seguidos do extrato de folha de clerodendron, do extrato de fruto de kokum, do extrato de folha de lantana, do extrato de rizoma de curcuma e do extrato de folha de baqueta a 5 e 10 por cento de concentração. Singh e Majumdar (2001) referiram que o extrato de *Allium sativum* apresentou a menor gravidade da doença da podridão radicular causada por *Alternaria alternata*, seguido de *Ocimum sanctum* e *Zingib er officinale*. Chaudhary *et al.* (2003) observaram que o extrato de bolbo de *Allium sativum* era altamente eficaz na inibição do crescimento de *Alternaria alternata* que causa o míldio da batata. Prasad e Naik (2003) observaram que os extractos de alho e neem eram mais eficazes contra o míldio foliar do tomateiro causado por *Alternaria solani*. Panchal e Patil (2009) referiram que o extrato de dente de alho (10%) demonstrou ser o melhor na inibição do crescimento micelial e da esporulação de *Alternaria alternata*, causadora da podridão dos frutos do tomateiro, seguido do extrato de folhas de curcuma e de neem, ao contrário do que se verificou na presente investigação, em que o neem registou uma inibição média de (56,66). Para contornar os riscos de poluição devidos à utilização não criteriosa de agroquímicos e também para evitar o desenvolvimento de resistência em fungos patogénicos contra os fungicidas habitualmente utilizados, a utilização de extractos de plantas para a gestão de doenças das plantas aumentou nos últimos anos e provou ser muito eficaz contra as doenças das plantas.

Os mesmos extractos de alho e bolbo de cebola também foram considerados mais eficazes contra o crescimento micelial e a esporulação de *Colletotrichum melongenae*. Na presente investigação, seguido pelo extrato de fruto de kokum, extrato de folha de lantana, extrato de rizoma de curcuma e extrato de folha de baqueta a 5 e 10 por cento de concentração. A menor inibição do crescimento micelial foi encontrada no extrato de folha de baqueta, seguido do extrato de rizoma de açafrão e do extrato de folha de lantana. Os resultados da presente investigação estão em estreita conformidade com Chavan (1996), que referiu que os extractos aquosos de dez por cento de concentração de *Allium sativum*, *Azadirachta indica*, *Ocimum sanctum*, *Pongamia pinnata* e *Vitex negundo* suprimiram o crescimento micelial de *Colletotrichum gloeosporioides*, causador da antracnose da papaia, em 84,06, 76,22, 71,19, 64,22 e 61,25 por cento, respetivamente. Raheja e Thakore (2002) referiram que os extractos de plantas medicinais como *Allium sativum* (cravo-da-índia), *Azadirachta indica* (folhas), *Mentha arvensis* (folhas) e *Psoralea corylifolia* (sementes) foram considerados mais eficazes para controlar o crescimento micelial de *C. gloeosporioides*, seguidos de *Curcuma longa* (rizomas), *Coentros sativum* (folhas) e *Lantana camara* (folhas e flores). Ashoka (2005) relatou que o neem foi considerado eficaz na inibição do crescimento micelial de *Colletotrichum gloeosporioides* (50,45%). Shirshikar (2002) verificou que *Allium sativum* demonstrou a melhor atividade fungicida com o seu extrato de bolbo a inibir totalmente o crescimento fúngico e a germinação de esporos de *Colletotrichum gloeosporioides*. Os extractos de folhas de *Pongamia pinnata* e *Catharanthus roseus* foram eficazes na redução da germinação de esporos de *Colletotrichum gloeosporioides*.

Na presente investigação, os extractos de alho e de rizoma de curcuma foram considerados mais eficazes contra o crescimento micelial e a esporulação de *Phomopsis vexans*. A menor inibição do crescimento micelial foi encontrada no extrato de folha de baqueta e no extrato de folha de lantana. As observações da presente investigação estão em estreita conformidade com Alam (2005), que testou 11 produtos botânicos para controlar a podridão de *Phomopsis* dos frutos da planta do ovo. Entre eles, o bolbo de alho (*Alium sativum L.*) e o extrato de folhas de Allamanda (*Allamanda catherica L.*) foram considerados promissores na paragem do crescimento micelial e na inibição da germinação de esporos de *Phomopsis vexans, in vitro*, e também controlaram significativamente a praga de *Phomopsis* e a podridão dos frutos da planta do ovo no campo. Panda *et al.* (1996) relataram que o extrato de folhas de *Polyanthia longifolia, Aegle Mermelos, Azadirachcta indica, Catheranthus roseus, Ocimum sanctum* e *Allamanda cathertica* mostrou uma inibição máxima para o controlo de *Phomopsis vexans*. O extrato de folhas de *Allamanda cathertica* tem um excelente potencial como fungicida.

Os bolbos de cebola contêm numerosos compostos orgânicos de enxofre, incluindo sulfóxido de trans-S-(1-propenil) cisteína, sulfóxido de S-metil-cisteína, sulfóxido de Spropilcisteína e cicloalina; flavonóides; ácidos fenólicos; esteróis, incluindo colesterol, esterol de estigma, b-sitosterol; saponinas; açúcares e um vestígio de óleo volátil composto por 72 compostos, principalmente de enxofre (Hiba *et al.*, 2014).

A atividade antimicrobiana do extrato de alho obtido neste estudo é semelhante à relatada por Esimone *et al.*, 2010. No entanto, Ankri e David Mirelman, 1999, relataram que os extratos de alho também têm um forte efeito antifúngico e inibem a formação de micotoxinas como a aflatoxina de *Aspergillus parasiticus*. Presumiu-se que a alicina fosse o principal componente responsável pela inibição do crescimento fúngico. Um extrato de alho concentrado contendo 34% de alicina, 44% de tiossulfinatos totais e 20% de vinilditiinas possuía uma potente atividade fungistática e fungicida in vitro contra três isolados diferentes de *Cryptococcus neoformans*. Verificou-se que a alicina pura possuía uma elevada atividade anticandidata com uma concentração inibitória mínima de 7 pg/mL. Yamada e Azuma relataram que a alicina pura era eficaz in vitro contra espécies de *Candida, Cryptococcus, Trichophyton , Epidermophyton* e *Microsporum* em baixa concentração (as concentrações inibitórias mínimas de alicina estavam entre 1,57 e

6,25 pg/mL). A alicina inibe tanto a germinação de esporos como o crescimento de hifas.

O modo de ação da alicina na célula fúngica ainda não foi elucidado, mas presume-se que funcione em enzimas de tiol como noutros microrganismos. Presume-se que a inibição de certas enzimas que contêm tiol nos microrganismos através da reação rápida dos tiossulfinatos com grupos tiol seja o principal mecanismo envolvido no efeito antibiótico. O principal efeito antimicrobiano da alicina deve-se à sua interação com importantes enzimas que contêm tiol. No parasita ameba, verificou-se que a alicina inibe fortemente as proteinases de cisteína, as desidrogenases de álcool, bem como as redutases de tioredoxina (Ankri *et al.* , resultados não publicados), que são críticas para a manutenção do estado redox correto no parasita. A inibição destas enzimas foi observada a concentrações bastante baixas (< 10 gg/mL). A alicina também inibiu irreversivelmente a bem conhecida tiol-protease papaína, a álcool desidrogenase dependente de NADP+ de *Thermoanaerobium brockii* e a álcool desidrogenase dependente de NAD+ de fígado de cavalo. Curiosamente, as três enzimas podem ser reactivadas com compostos que contêm tiol, como o DTT, o mercaptoetanol e o glutatião.

Na presente investigação, os agentes de biocontrolo, *nomeadamente Trichoderma-21*, Trichoderma-28, *Trichoderma -29*, Trichoderma-72, *Trichoderma-P, Pseudomonas fluoroscens* e *Bacillus subtilis,* foram testados *in vitro* contra *Alternaria alternata, Colletotrichum melongenae e Phomopsis vexans*. O Trichoderma-21 *foi* considerado o mais eficaz em comparação com outros agentes de controlo biológico, seguido do Trichoderma-72, e produziu uma zona de inibição máxima. A menor inibição foi registada em *Bacillus subtilis*, seguido de *Pseudomonas fluoroscens*. Os resultados estão de acordo com Strashnov *et al.* (1985) que registaram a eficácia de *Trichoderma harzianum* contra a podridão dos frutos do tomateiro causada por *Alternaria alternata* . No entanto, Babu *et al.* (2000) referiram que *Trichoderma harzianum* e *Trichoderma viride* eram significativamente superiores na inibição do crescimento micelial de *Alternaria solani*, causador do míldio foliar do tomateiro. No entanto, os resultados da nossa investigação são contrários aos de Vadilal e Ebenezer (2006), que registaram uma inibição máxima do crescimento micelial e da esporulação de *Alternaria solani* com agentes de biocontrolo de *Bacillus subtilis, Trichoderma viride* e *Gliocladium virens*.

Contra *Colletotrichum melongenae, Trichoderma-P* foi considerado o mais eficaz, seguido por Trichoderma-21, *Trichoderma-29* e produziu a zona máxima de inibição. A menor inibição foi registada em *Bacillus subtilis*, seguida de *Pseudomonas fluoroscens*. As observações da presente investigação estão em estreita conformidade com os resultados de Santha Kumari (2002), que referiu que os isolados de *T1* e *T2* de *T. harzianum* foram considerados eficazes na inibição do crescimento de *Colletotrichum gloeosporioides*, causador da antracnose da pimenta preta, em condições *in vitro*. No entanto, os resultados da presente investigação são contrários aos de Barhate *et al.* (2012), que testaram a eficácia de sete bioagentes (fúngicos e leveduras) in *vitro* contra *Colletotrichum melongenae*, causador da podridão dos frutos da brindila. Entre os sete bio-agentes testados, a estirpe de levedura *Saccharomyces* cervisae-2 registou a maior inibição de crescimento de 85,56%, seguida pela estirpe de levedura-I, *T. harzianum, T. longiforum, T. viride, T. hamatum* e *T. koningii* com 82,78, 75,00, 65,56, 53,89, 51,22 e 45,56 por cento de inibição de crescimento em relação ao controlo, respetivamente. Gud (2001) verificou que, entre os antagonistas avaliados, *Trichoderma viride* (66,4%) revelou-se altamente antagónico contra *C. gloeosporioides*, seguido de *Gliocladium virens* (58,67%). A capacidade antagonista de *T. viride, T. harzianum, T. logidrachytum, Gliocladium virens, Aspergillus niger, Pseudomonas florescence* e *Bacillus subtilis* foi testada *in vitro* contra *Colletotrichum gloeosporioides*, causador de manchas foliares na curcuma, através da técnica de cultura dupla. Todos os agentes biológicos se revelaram inibidores do crescimento do patógeno. Na técnica de cultura dupla, foi registada uma inibição significativamente máxima em *T. viride* (66,40%) (Patel e Joshi, 2001) contra *Phomopsis vexans. Trichoderma -P foi* considerado o mais eficaz, seguido por *Trichoderma -29, Trichoderma-28* e produziu a zona máxima de inibição. A menor inibição foi registada em *Bacillus subtilis* seguido de *Pseudomonas fluoroscens.* As observações da presente investigação são semelhantes às conclusões de Muneshwar *et al.* (2012), que relataram a avaliação *in vitro* de agentes de biocontrolo contra o agente patogénico da podridão dos frutos de brinjal. Entre os agentes de biocontrolo, *Trichoderma viride* (Tv-1), *T. virens* (Ts-1), *T. harzianum* (Th-1) e *T. viride* (JMU-24) superaram o patógeno, exibindo antagonismo.

O antagonismo de *Trichoderma* spp. contra muitos fungos deve-se principalmente à produção do composto acetaldeído (Robinson e Park, 1966 e Dennis e Webster, 1971). No entanto, o género *Trichoderma* inclui um grande número de espécies, algumas das quais actuam como agentes de controlo biológico através de um ou mais mecanismos.

Sharma *et al.*, 2012 referiram que as estirpes *de Trichoderma* exercem controlo contra os fitopatógenos fúngicos quer indiretamente, competindo por nutrientes e espaço, modificando as condições ambientais, promovendo o crescimento das plantas, os mecanismos de defesa das plantas e a antibiose, quer diretamente, através de mecanismos como o micoparasitismo. A ativação de cada mecanismo implica a produção de metabolitos específicos, tais como factores de crescimento vegetal, enzimas hidrolíticas, sideróforos, antibióticos e permeases. Estirpes específicas de fungos do género *Trichoderma* colonizam e penetram nos tecidos radiculares das plantas e iniciam uma série de alterações morfológicas e bioquímicas na planta, consideradas como parte da resposta de defesa da planta, que subsequentemente conduzem à indução de resistência sistémica. A antibiose ocorre durante as interacções com outros microrganismos que envolvem compostos metabólitos tóxicos voláteis e não voláteis difusíveis de baixo peso molecular ou antibióticos como o ácido harzianico, alamethicins, tricholin, eptaibols, antibióticos, 6- penthylpyrone, tendo em consideração todos estes factores que envolvem a supressão dos resultados do crescimento do patogénio, *Trichoderma* é um agente de bio controlo eficaz. Para resolver estes problemas globais, estão a ser investigadas alternativas eficazes ao controlo químico e a utilização de micróbios antagonistas como agentes de biocontrolo parece ser uma das abordagens promissoras. Com o advento do biocontrolo como abordagem potencial para a gestão integrada das pragas (IPM) na área do controlo das doenças das plantas mediado por fungos, o género *Trichoderma ganhou uma* importância considerável.

Na presente investigação, todos os fungicidas testados mostraram uma melhor inibição do crescimento micelial e da esporulação de *Alternaria alternata*. O difenconazol e o tebuconazol mostraram uma inibição máxima, seguidos do carbendazim e do propiconazol. O difenconazol e o tebuconazol registaram uma inibição de 100 por cento a uma concentração de 0,50 por cento. Nenhum outro fungicida registou uma inibição de 100% à mesma concentração testada.

A maior inibição foi registada pelo difenconazol e pelo tebuconazol em todas as concentrações, que foram significativamente superiores a todos os outros fungicidas testados na mesma concentração. Entre todos, a menor inibição do crescimento micelial em todas as concentrações foi observada no captaf, que foi menos eficaz na inibição do crescimento micelial e da esporulação de *Alternaria alternata* . Esta variação na sensibilidade dos fungos é de esperar com os compostos mais específicos de benzimidazol e oxatiina e está bem documentada (Bollen & Fuchs 1970; Snel *et al.,* 1970; Edgington *et al.,* 1970). Sabe-se que os triazóis inibem a via de biossíntese de esteróis em (Nine e Thapliyal). Observações semelhantes foram registadas por Kalra e Sohi (1984) e Singh e Shukla (1984). Mathur e Shekhawat (1986) relataram que Blitox-50 e Dithane M-45 foram considerados mais eficazes contra *Alternaria solani*. Kamble *et al.* (2000) estudaram a eficácia de seis fungicidas contra a mancha foliar do tomateiro e do brinjal causada por *Alternaria alternata* e referiram que o mancozebe foi considerado altamente eficaz na inibição do crescimento micelial, seguido do oxicloreto de cobre e da iprodiona a 1000, 2000 e 3000 ppm. Mas, ao contrário da nossa investigação, o blitox foi o segundo tratamento menos eficaz, registando uma inibição média de (68%). Ghosh *et al.* (2002) observaram que o dithane M-45 (0,25%) e a bavistina (0,1%) foram mais eficazes contra o crescimento micelial e a esporulação de *Alternaria alternata in vitro* .

Na presente investigação, entre os fungicidas testados contra *Colletotrichum melongenae, o* difenconazol, o propiconazol e o hexaconazol a 0,25, 0,50, 0,75 e 1,0 por cento de concentração inibiram o crescimento micelial e a esporulação. Nenhum outro fungicida registou uma inibição de 100 por cento em todas as concentrações testadas. O oxicloreto de cobre foi o segundo melhor tratamento. A menor inibição do crescimento micelial foi observada no caso do tebuconazol (13,00%). Observações semelhantes foram feitas por Barhate *et al.* (2012), que testaram a eficácia de oito fungicidas *in vitro* contra *Colletotrichum melongenae*, causador da podridão dos frutos da brinjal. Entre os oito fungicidas, o carbendazim (0,1%), o propiconazol (0,1%) e o hexaconazol (0,1%) foram considerados os mais eficazes, inibindo o crescimento de *Colletotrichum melongenae* em percentagem, seguidos do tiofanato metílico (0.1%), captan (0,25%), oxicloreto de cobre (0,25%), clorotalonil (0,25%) e mancozebe (0,25%), com 82,22, 80,56, 71,11, 70,0 e 32,22% de inibição do crescimento em relação ao controlo, respetivamente. Patel e Joshi (2002) observaram que o carbendazim

(Bavistin 50% WP), o tiofanato metílico (Topsin-M 75% WP), o propiconazol (Tilt 25% EC) a 250, 500 e 1000 ppm, o hexaconazol (Contaf 5% EC) a 750, 1000 e 1500 ppm e o triciclazol (Beam 75% EC) a 500 e 1000 ppm causaram uma inibição de centésimos por cento de *Colletotrichum gloeosporioides* que causa a mancha foliar da curcuma. Suseelabhai *et al.* (2003) referiram que estudos *in vitro* utilizando diferentes fungicidas contra *Colletotrichum* sp mostraram que o tiofenato de metilo, mesmo a uma concentração muito baixa, ou seja, 100 ppm, é altamente inibidor do fungo, seguido de carbendazim (250 ppm) ou da mistura carbenadazim+mancozebe 2000 ppm. Estes resultados são contrários aos do presente estudo, em que o difenconazol registou a maior inibição micelial, seguido do propiconazol. Deshmukh *et al.* (1999) efectuaram estudos *in vitro* com dez fungicidas e referiram que a mistura bordeoux (1 e 2 por cento), oxicloreto de cobre (0,2-0,3%), carbendazim (0,1-0,2%) e tiofanato metílico (0.1-0,2%) e fosetil-Al (0,1-0,2%) foram eficazes na inibição do crescimento e da esporulação de *Colletrotrichum gloeosporioides*, causador da antracnose de *Colletotrichum gleosporeiodes* f. sp. *Andreanum* no antúrio.

Na presente investigação, a inibição do crescimento micelial e da esporulação de *Phomopsis vexans* foi de 100% com carbendazim, tebuconazol e hexaconazol a uma concentração de 0,25%. Nenhum outro fungicida registou uma inibição de 100% na mesma concentração testada. Verifica-se que, à medida que a concentração aumenta, a inibição percentual do crescimento micelial também aumenta em todos os fungicidas. Entre os fungicidas testados, a menor inibição micelial foi observada no caso do captaf (63,33%). Os resultados encontrados estão de acordo com Hossain *et al.* (2013), que relataram que o Bavistin 50 WP (0,1%) provou ser eficaz na detenção da germinação de esporos e do crescimento micelial de *Phomopsis vexans*. Das *et al.* (2014) também relataram que o carbendazim a 0,1% inibiu completamente o crescimento micelial de *Phomopsis vexans*. Muneeshwar *et al.* (2012) efectuaram a avaliação *in vitro* de fungicidas contra o míldio foliar da brinjal e o agente patogénico da podridão dos frutos *Phomopsis vexans*. O carbendazime registou uma inibição de 100% de *P. vexans* em relação ao controlo a uma concentração de 1 ppm. Suman e Sujan (2012) realizaram a experiência sobre a eficácia de vários fungitoxicantes isolados e em combinação contra a podridão dos frutos da brinjal causada por *Phomopsis vexans, in vitro,* e relataram que o ridomil-MZ (0,25) e o mancozebe (0,25%) isolados foram mais eficazes no controlo das infecções da podridão dos frutos.

Davidse (1986) estudou que o carbendazime induziu instabilidade nuclear perturbando a mitose e a meiose, Sudhakar (2000) também estudou a eficácia do carbendazime contra fungos atribuída à inibição do processo de biossíntese e síntese de ADN dos fungos (Davidse, 1973). O carbendazime, sendo um fungicida bendamidazol, interfere com a produção de energia e a síntese da parede dos fungos (Nene e Thapliyal, 1973)

A podridão dos frutos da Brinjal é uma das doenças graves da Brinjal. Em condições favoráveis, pode ocorrer o fracasso total da cultura, resultando em perdas graves de rendimento. Na ausência de variedades resistentes, a única alternativa eficaz é reduzir os danos através da utilização de fungicidas. No presente estudo, foram utilizados fungicidas facilmente disponíveis no mercado para avaliação contra o apodrecimento dos frutos da brinjal causado por *Alternaria alternata* , *Colletotrichum melongenae* e *Phomopsis vexans*. Os resultados revelaram que, entre os fungicidas avaliados, houve uma diferença significativa em relação à percentagem de podridão dos frutos e ao índice de doença entre os tratamentos em todas as diferentes colheitas. O clorotalonil (4,90%) registou a menor percentagem de podridão dos frutos do que todos os outros tratamentos. O agente de biocontrolo *Trichoderma* (produto Krishnaprabha-UHSB) registou 12,33% de podridão dos frutos.

Durante a segunda pulverização, os resultados obtidos revelaram que existe uma diferença significativa entre os tratamentos. O clorotalonil registou 4,16 por cento de podridão dos frutos, seguido da azoxistrobina (5,33) por cento de podridão dos frutos e do carbendazim (6,41). A percentagem mais elevada de podridão dos frutos foi registada com oxicloreto de cobre (13,66).

Durante a terceira pulverização seguiu-se a mesma tendência. O clorotalonil (2,35%) registou a menor percentagem de podridão dos frutos do que todos os outros tratamentos, seguido da azoxistrobina (4,19%). Os dados registados relativamente ao rendimento revelaram que o rendimento máximo de 240,27 q/ha foi registado no clorotalonil (0,1%) seguido do carbendazim (225,80 q/ha) do que todos os outros tratamentos. Os resultados obtidos são semelhantes às conclusões de Beura *et al.* (2008), que estudaram a eficácia de seis fungicidas, tais como carbondazim (0,1%), mancozebe (0,3%), tebuconazol (0,05%), oxicloreto de cobre (0,3%), hidróxido de cobre (0,3%), na gestão da praga de *Phomopsis* e das doenças de podridão dos frutos em brinjal. A experiência revelou que quatro pulverizações de carbendazim (0,1)% a intervalos de 10 dias no início da doença registaram significativamente a menor incidência de míldio do galho (PDI-7,86%) e podridão dos frutos (PDI-6,42), contribuindo com 74,33 e 78,10% de controlo da doença, respetivamente, em relação às parcelas de controlo. Os tratamentos também resultaram num rendimento máximo de frutos (227,25q/ha), registando um aumento de 71,12% no rendimento em relação ao controlo, com um rácio de benefício mínimo. Verificaram que o tebuconazole é o segundo melhor no que diz respeito ao controlo de doenças (PDI- 8,50%) e à podridão dos frutos 10,94%). Yadav *et al.* (1998) relataram que três pulverizações de captaf (0,25%), blitox-50 (0,35%) e indofil m-45 (0,25%) com um intervalo de 20 dias foram significativamente superiores a outros tratamentos na redução da gravidade da doença causada por *Alternaria* spp. e no aumento do rendimento da beringela em trilhos de microplot. No entanto, os resultados da presente investigação são contrários aos de Suman e Sujan (2012), que relataram a eficácia de vários fungitoxicantes isolados e em combinação contra o apodrecimento dos frutos da beringela causado por *Phomopsis vexans, Fusarium moniliforme, Colletotrichum capsici* e *Phytophthora nicotianae* em condições *in vivo* e concluíram que o desempenho do ridomil-MZ (0,25) e do mancozebe (0,25%) isoladamente foi mais eficaz no controlo das infecções do apodrecimento dos frutos. Mathur e Shekhawat (1986) referiram que o oxicloreto de cobre e o mancozebe foram considerados eficazes contra *Alternaria solani*, agente causal do míldio do tomateiro. Estes resultados são contrários a todos os tratamentos, exceto o oxicloreto de cobre, que foi considerado menos eficaz na nossa investigação. Foi também estudada a economia de diferentes tratamentos fungicidas. O clorotalonil @ 0,2% pulverizado revelou-se o tratamento mais económico (rácio BC = 9,02) seguido do carbendazim (rácio BC = 8,82).

Futuro ramo de atividade

1. Os estudos sobre a identificação de fontes de resistência contra o apodrecimento dos frutos da brinjal devem ser efectuados em condições de inoculação artificial.

2. No estado atual da gestão das doenças, deve ser concentrada mais investigação sobre a gestão integrada das doenças e deve ser concebido um módulo de trabalho com um calendário de pulverização.

CAPÍTULO 6
6. RESUMO E CONCLUSÃO

O apodrecimento dos frutos da brinjal causado por *Alternaria alternata* , *Colletotrichum melongenae* e *Phomopsis vexans* é uma das doenças importantes da brinjal no norte de Karnataka. Os presentes estudos sobre a podridão dos frutos da brinjal foram realizados no Departamento de Patologia Vegetal, COH, Bagalkot, durante os anos de 2013-14 a 2014-15. Foram realizados inquéritos sobre a incidência da doença, o isolamento e a identificação de agentes patogénicos da podridão dos frutos, a avaliação *in vitro* de fungicidas, produtos botânicos e agentes biológicos e a gestão no terreno da podridão dos frutos, e os resultados obtidos são resumidos a seguir.

A couve-brinjal (*Solanum melongena* L.) é uma das principais culturas hortícolas solanáceas da Índia, a seguir ao tomate e à batata. O apodrecimento dos frutos da couve-brincadeira causado por *Alternaria alternata* (Fr.) Keissler, *Colletotrichum melongenae* e *Phomopsis vexans* é uma doença importante que causa graves problemas a esta cultura nas proximidades do distrito de Bagalkot. Verificou-se que os frutos de brinjal infectados com a podridão dos frutos por *Alternaria* produziam sintomas típicos, tais como manchas pequenas, circulares, castanho-escuras e necróticas, que mais tarde se tornaram castanho-escuras a castanho-pretas. O agente patogénico foi identificado como *Alternaria alternata* . Enquanto que os frutos infectados com *Colletotrichum melongenae* apresentam pequenas manchas circulares que coalescem para formar grandes manchas elípticas nos frutos e nas folhas. Estas manchas apareceram primeiro como pequenas lesões encharcadas de água nos frutos e depois tornaram-se elevadas com superfícies de cortiça. As lesões totalmente expandidas parecem moles, afundadas e variam em cor de vermelho escuro a preto. Em condições severas, todo o fruto foi encontrado mumificado e os frutos infectados com *Phomopsis vexans* mostraram-se como manchas minúsculas, circulares, encharcadas e afundadas, acinzentadas com halo acastanhado e com um centro de cor brilhante que mais tarde aumentou para produzir anéis concêntricos que desenvolveram zonas. Mais tarde, os agentes patogénicos foram identificados como *Colletotrichum melogenae* e *Phomopsis vexans*, respetivamente.

O inquérito revelou a presença da doença em todos os talukas*, nomeadamente* Bagalkot, Badami, Hunagunda, Jamakandi e Mudhol. O índice percentual de doença variou de 13,00 a 54,66. O índice percentual de doença foi elevado no taluk de Bagalkot, seguido dos taluk de Badami e Jamakandi. Entre as diferentes aldeias cultivadas nestes distritos, Belur era mais propensa à doença, com um índice percentual de doença de 54,66, seguida de Sulkieri, que registou um índice percentual de doença de 44,00.

Os fungos isolados *Alternaria alternata, Colletotrichum melongenae* e *Phomopsis vexans* revelaram-se patogénicos para os frutos de brinjal após inoculação artificial (de acordo com a patogenicidade).

Dos nove meios sólidos diferentes testados, o ágar dextrose de batata (PDA) revelou-se o melhor para o crescimento micelial e a esporulação do fungo *Alternaria alternata*, seguido do ágar de farinha de milho. O crescimento micelial e a esporulação mínimos foram observados no meio de ágar Walksman. No caso de *Colletotrichum melongenae*, o ágar de farinha de aveia revelou-se o melhor para o crescimento micelial e a esporulação, seguido do ágar de czapeck e do ágar de Sabouraud, que foram os melhores para o crescimento micelial e a esporulação do fungo *Phomopsis vexans*.

O rastreio de 60 genótipos em condições de campo revelou que nenhum dos genótipos era imune. Apenas dois genótipos foram considerados resistentes e 31 genótipos apresentaram uma reação moderadamente resistente e 27 genótipos apresentaram uma reação moderadamente suscetível. Entre os vinte e dois genótipos rastreados por RAPD, poucos apresentaram polimorfismo. A árvore de filogenia completa divide-se em dois grupos, nomeadamente C1 e C2, utilizando o coeficiente de semelhança de Jaccard de 0,01. O grupo C2 dividiu-se novamente em diferentes subgrupos, nomeadamente SCA e SCB. Entre todos os genótipos representados na árvore filogenética, a linha 3 (K12d1012-6) e a linha 11 (K12D1052-1) eram as mais afastadas entre si; no entanto, a linha 17 (K12D1036-1) e a linha 21 (K12D1011-5) estavam muito próximas. Embora a linha 3 e a linha 19 pertençam a grupos diferentes com menor coeficiente, são semelhantes no que respeita à resistência à podridão dos frutos.

Procedeu-se à avaliação *in vitro* de oito fungicidas contra os agentes patogénicos da podridão dos frutos. Entre os fungicidas sistémicos, o tebuconazol e o difenconazol revelaram uma inibição micelial de 100% de *Alternaria alternata*, seguidos do propiconazol, do carbendazim e do hexaconazol. Entre os fungicidas sistémicos, o carbendazim, o propiconazol e o tebuconazol mostraram uma inibição de 100% de *Phomopsis vexans nas* quatro concentrações e o difenconazol a 0,75%. Entre os fungicidas não sistémicos testados contra o mesmo fungo, o clorotalonil foi o mais eficaz, seguido do oxicloreto de cobre e do captaf, que se revelaram mais eficazes, respetivamente.

No caso do *Coletotrichum melongenae*, a avaliação *in vitro* dos fungicidas sistémicos carbendazim, propiconazole e hexaconazale mostrou uma inibição micelial de 100%. Entre os fungicidas não sistémicos, o oxicloreto de cobre foi o mais eficaz em todas as concentrações. Entre os fungicidas sistémicos testados contra *A. alternata* , a inibição completa do micélio foi demonstrada pelo difenconazol e pelo tebuconazol em todas as concentrações e pelo propiconazol a 0,75 por cento de concentração. Entre os fungicidas não sistémicos, o clorotalonil foi mais eficaz a 1%, seguido do oxicloreto de cobre e do captaf na mesma concentração.

Foi estudada a avaliação *in vitro* de produtos botânicos contra agentes patogénicos da podridão dos frutos. A maior inibição do crescimento micelial de *Phomopsis vexans* foi observada em 5 e 10 por cento de extrato de alho, extrato de kokum e extrato de cebola. O extrato de bolbo de cebola, o extrato de alho e o extrato de kokum foram mais eficazes na inibição de *Colletotrichum melongenae*. A maior inibição do crescimento micelial de *A. alternata* foi mostrada pelo alho e pelo extrato de bolbo de cebola a 5 e 10 por cento de concentração.

Os resultados da técnica de cultura dupla revelaram que os bioagentes fúngicos foram melhores do que os bioagentes bacterianos na inibição do crescimento de todos os agentes patogénicos da podridão da fruta. *P. vexans* foi efetivamente inibido por *T. harzianum-p*. *C. melongenae* foi inibido ao máximo por *T. harzianum-p*. Todas as estirpes de *Trichoderma harzianum* foram consideradas antagónicas em relação a *A. alternata*, mas notou-se um antagonismo mais forte no caso de *T. harzianum-21*.

Os resultados da avaliação de campo de fungicidas e bioagentes indicaram que a pulverização de clorotalonil @ 0,2% antes da frutificação registou (4,90%) menos podridão de frutos por cento do que todos os outros tratamentos, seguida de azoxistrobina @ 0,1% (6,50%), que se revelou eficaz na diminuição do índice de doença por cento e o rendimento máximo de 240,27 q/ha foi obtido no tratamento com clorotalonil @ 0,1%, seguido de carbendazim @ 0,1% registado (255,80 q/ha). Após a segunda pulverização de clorotalonil, registou-se 4,16% de podridão dos frutos, o que é significativamente diferente de todos os outros tratamentos, seguido de azoxistrobina, com 5,33% de podridão dos frutos. A percentagem mais elevada de podridão dos frutos foi registada (13,66) com oxicloreto de cobre a 0,2% por cento, seguido de tebuconazol a 0,2% (11,51). É evidente, a partir da presente investigação, que a podridão dos frutos da beringela pode ser gerida eficazmente pelas três pulverizações de clorotalonil a 0,2% e carbendazim a 0,1% em condições de bagalkot, com um lucro líquido de Rs. 320463/- seguido de carbendazim Rs. 300303/- em relação ao controlo.

REFERÊNCIAS

Abdul, H., Khan, M. A. e Chohan, R. A., 2001, Avaliação *in vitro* de vários antagonistas e extractos de plantas contra o crescimento micelial de *Alternaria solani. Pak. J. Phytopath*, 13 (2):127-129.

Akhtar, J. e H. S. Chaube, 2006, Variability in *Phomopsis* blight pathogen [*Phomopsis vexans* (Sacc. & Syd.) Harter]. *Indian Phytopath* ., 59 (4): 439-444.

Akhtar, K. P., Saleem, M. Y., Asghar, M. e Haq, M. A., 2004, New report of *Alternaria alternata* causing leaf blight of tomato in Pakistan. *Pl. Path*, 53 (6):816.

Alam, R., 2005, Integrated approaches for *Phomopsis* blight and fruit rot of eggplant (Abordagens integradas para o míldio de *Phomopsis* e a podridão dos frutos da beringela). Tese de doutoramento, Depto. Tese, *Departamento de Patologia Plástica,* BAU, Mymensingh.

Ankri, S., Mirelman, D., 1999, Antimicrobial properties of allicin from garlic. *Microbe. Infect.*, 1 :125-129.

Anónimo, 2014, *base de dados da Horticultura Indiana, NHB*, pp. 131-132.

Anónimo, 2014, Pacote de práticas, *Uni. Hort. Sci,* Bagalkot.

Anónimo, 1997, Fertilizer recommendation guide. *Bangladesh Agric. Res. council*, Dhaka p-91.

Arx, J. A. e Von, 1957, Die arten der gattung *Colletotrichum* Cda. *Phytopathologische Zeitschrift*, 29: 413-468.

Ashoka, S., 2005, Estudos sobre fungos patogénicos da baunilha com especial referência a *Colletotrichum gloeosporioides* (Penz.) Penz. e Sacc. Tese de Mestrado (Agri.), *Uni. Agric. Sci.,* Dharwad, Índia.

Aykroyd, 1963, Vegetable production in India. Publicado pelo ICAR, Nova Deli.

Babu, S., Seetharman, K., Nandakumar, R. e Johnson, I., 2000, Variability in cultural characteristics of tomato leaf blight pathogen. *Pl. Dis. Res.,* 15:121.

Barhate, B. G., Shinde, P. A., Raghuwanshi, K. S. e Bade, S. J., 2012, Eficácia de fungicidas e bioagentes contra *Colleto trichum melongenae* que causa o apodrecimento dos frutos da brindila. *J. Pl. Dis. Sci.*, 7 (1):67-69.

Barros, S., T. Deoliveria, N. T. e Mala, L. C., 1995, Efeito do alho (*Allium sativum*) sobre o crescimento micelial e a germinação de esporos de *Curvularia* sp. e *Alternaria* sp. *Summa Phytopath* ., 21:168-170.

Begum, F. e Bhuiyan, M. K. A., 2006, Integrated control of seedling mortality of lentil caused by *Sclerotium rolfsii. Bangladesh J. Pl. Path* ., 23 : 60-65.

Beura, S. K., Mahanta, I. C. e Mohapatra, K. B., 2008, Economics and chemical control of *Phomopsis twig* blight and fruit rot of brinjal. *J. Mycopathol. Res.*, 46 (1):73-76.

Bochalya, M. S., 2010, Some Physio-Pathological and management studies on *Alternaria* fruit Rot of brinjal (*Solanum melongena* L.) M.Sc. Thesis, SKRAU, Bikaner.

Bollen, G. J. e Fuchs, A., 1970, On the specificity of the *in vitro* and *in vivo* antifungal activity of benomyl. *Países Baixos, J. Pl. Patho,* 76: 299-312.

Byrne, J. M., Hausbeck, M. K e R. X. Latin, 1997, Efficacy and economics of management strategies to control anthracnose fruit rot in processing tomatoes in the Midwest. *Pl. Dis.*, 81:1167-1172.

Chaudhary, R. F., Patel, R. L., Chaudhari, S. M., Pandey, S. K. e Singh, B., 2003,
Avaliação *in vitro* de diferentes extractos de plantas contra *Alternaria alternata* que causa o míldio da batata. *J. Indian Potato. Asso.,* 30: 141-142.

Chauhan, D. V. S., 1981, Vegetable production in India (3rd ed.), Ram Prasad and Sons, Agra, Índia, pp. 301-302.

Chauhan, H. L. e Joshi, H. U., 1990, Evaluation of phyto-extracts for control of
antracnose do fruto da manga. Comunicação apresentada no Simpósio Nacional sobre *Pesticidas Botânicos na Gestão Integrada de Pragas,* realizado em 21 e 22 de janeiro de 1990 no CTRI, Rajahmundry, pp. 455-459.

Chavan, M., 1996, Efeito de extractos de plantas em alguns fungos patogénicos importantes da região de Konkan. *Tese de Mestrado (Agri.)*, KKV, Dapoli, Maharashtra, Índia.

Das B. H., 1998, Studies on *Phomopsis* fruit rot of brinjal a M.Sc. Agric Thesis. Departamento de patologia vegetal, Bangladesh Agric. Uni, Mymensingh, pp. 29-64.

Das, S. N. Sarma, T. C. e Tapadar, S. A., 2014, Avaliação *in vitro* de fungicidas e de duas espécies de *Trichoderma* contra *Phomopsis vexans* que causa o apodrecimento dos frutos do brinjal (Solanum melongena L.). *Int. J. Sci. Res. Publi.*, 4 pp. 22503153.

Daunay, M. C. e Chadha, M. L., 2004, *Solanum melongena* L. In: Plant resources of tropical Africa II: Vegetables, G. J. H. Grubben e O. A. Denton (Eds.). Backhuys Publishers, Leiden, Wageningen. pp. 488-493.

Davidse, L. C., 1986, Benzimidazoles, fungicidas, mecanismo de ação e impacto biológico. *Annu. Rev. Phytopath.*,pp. 43-65.

Dennis, C. e Webster, J., 1971, Propriedades antagónicas de grupos de espécies de *Trichoderma* Produção de antibióticos voláteis. *Trans. British Mycol. Soci.,* 57: 41-48.

Deshmukh, H. V., Pawar, D. R. e Joshi, M. S., 1999, Fungicidal growth of anthracnose disease of anthurium (*Anthurium* spp.) *Pestology*, 23 : 43-44.

Devingracia, G. G., 1969, Penetração no hospedeiro, requisitos para o crescimento *in vitro*. *Philipp Agric.*, 53:173-185.

Dubey, S., C. Patel, B. e Jha, D. K., 2000, Chemical management of *Alternaria* blight of broad bean. *Indian Phytopath*, 53 (2):213-215.

Edgington, L. V., Khew, K. L., Barron, G. L., 1970, Fungitoxic spectrum of benzimidazole com- pounds. *Phytopath*, 61:42-46.

Ekbote, S. D., 1994, Estudos sobre a antracnose da manga (*Mangifera* indica L.) causada por *Colletotrichum gloeosporioides* (Penz.) Penz. e Sacc. Dissertação de Mestrado (Agri.), Uni. Agric. Sci. Dharwad, Índia.

Ghosh, C., Pawar, N. B., Kshirsagar, C. R. e Jadhav, A. C., 2002, Studies on management of leaf spot caused by *Alternaria alternata* on gerbera. *J. Maharastra Agric. Uni.*, 27:165-167.

Gorawar, M. M. e Hedge, Y. R., 2006, Effect of plant extract against *Alternaria alteranta* causing leaf blight of turmeric. *Int. J. Pl. Sci.*, 1 (3): 242-243.

Gromovikh, T. I., Gukasiana, V. M. e Shmarlovskaya, S. V., 1998, *Trichoderma harzianum* Rifai Aggr. como fator de aumento da resistência das plantas de tomate aos agentes patogénicos da podridão radicular. *Mikologiya Fitopatologiya* ., 32 (2):73-78.

Gud, M. B., 2001, Studies on fungal diseases of mango (*Mangifera indica* L.) fruits. Tese de Mestrado (Agri.), KKV, Dapoli, Maharashtra, Índia.

Harada, Y., TerulJVL Kuwata, H., Suzuki, S. e Fugita, T., 1973, Effect of light and temperature on pycnidial and pycnospore formation in *Phomopsis moil* Bulletin of the Faculty of agriculture, Hirosaki Uni., 18:140-151.

Harish, D. K., Agasimani, A. K., Imamsaheb, S. J. e Patil Satish, S., 2011, Parâmetros de crescimento e rendimento em brinjal influenciados pela gestão orgânica de nutrientes e condições de proteção das plantas. *J. Agric. Sci.*, 2 (2):221-225.

Hiba, J. H., 2014, Atividade antimicrobiana *in vitro* do extrato de alho, cebola, combinação de alho e cebola (aquático e óleo) em alguns patógenos microbianos na província de Babylon, Iraque. *World J. Pharm. Pharmacol. Sci.*, 3 (8):65-78.

Hiremath, S. V., Hiremath, P. C. e Hedge, R. K., 1993, Studies on cultural characters of *Colletotrichum gloeosporioides* a causal agent of Shisham blight. *Kar. J. Agric. Sci.*, 6:30-32.

Hossain, M. I., Islam, M. R., Uddin, M. N., Arifuzzaman, S. M. e Hasan, G. N., 2013, Control of *Phomopsis* blight of eggplant through fertilizer and fungicides management. *Int. J. Agric. Res. Innov. Tech.,* 3 (1): 66-72.

Hossain, M. T., Hossain, S. M. M., Bakr, M. A., 2010, Survey on major diseases of vegetable and fruit crops in Chittagong region [Inquérito sobre as principais doenças das culturas hortícolas e frutícolas na região de Chittagong]. *Bangladesh J. Agric. Res.,* 35 (3):423-429.

Ibrahim, K. M., Meah, M. B., MIrza, M., 2013, Caracterização morfológica e molecular de linhas de plantas de ovos resistentes à *Phomopsis* blight e à podridão dos frutos *Int. J. Agril. Res. Innov. Tech .,* 3 (1): 35-46.

Ionnidis, N. M. e Main, G. C., 1973, Effect of culture medium on production and pathogenecity of *Alternaria alternata .Pl. Dis. Rep.,* 57 (1): 39-42.

Islam, M. R., 2006, An integrated approach for management of *Phomopsis* blight and fruit rot of eggplant. Tese de doutoramento. Departamento de Plantas e Caminhos. Bangladesh Agric. Uni, Mymensingh, p-133.

Islam, S. K., Sintansu, P. e Pan. S., 1990, Effect of humidity and temperature on *Phomopsis* fruit rot of brinjal. *Env. Eco.,* 8 (4): 1309-1310.

Jaccard, P., 1980, Novos investigadores sobre a distribuição floral. *Waldensian Soc. Nat. Sci.,* 44: 22-27.

Jain, M. R. e Bhatnagar, M. K., 1985, Efficacy of certain chemicals in the control of fruit rot of brinjal. Pesticides, 14 : 27-28.

Jayaramaiah, K. M., Mahadevakumar, S., Charith Raj, A. P. e Janardhana, G. R., 2013, Deteção baseada em PCR de (Sacc. & Syd.) - O agente causador da doença da ferrugem da folha e da podridão dos frutos de Brinjal (L.). *Int. J. Life Sci.,* 7 (1):17-20.

Jetti, A., Iyengar, D. S., Rao, S. N. e Bhalerao, U. T., 1987, Antifungal spectrum of leaf extracts of *Polyalthia longifolia. Pesticidas,* 20: 29.

Kalra, J. S. e Sohi, H. S., 1984, Studies on post harvest rots of tomato fruits. Controlo do apodrecimento dos frutos por *Alternaria. Indian J. Mycol. Pl. Path.,* 15 (3): 256-261.

Kamble, P., U. Ramiah, M. e Patil, D. V., 2000, Efficacy of fungicides in controlling leaf spot disease of tomato caused by *Alternaria alternata* (Fr.) Kessiler. *J. Soil Sci. and Crops.* 10: 36-38.

Kapoor, J. N. e Hingorani, M. K., 1958, *Alternaria* leaf spot and fruit rot of brinjal. *Indian J. Agril. Sci.,* 28: 109-114.

Karade, V. M. e Sawant, D. M., 1999, Effect of some plant extracts on the spore germination of *Alternariaalternata*. *Pl. Dis. Res.,* 14 (1): 75-77.

Khodke, S. W. e Gahukar, K. B., 1993, Doença da podridão dos frutos da malagueta causada por *Alternaria alternata* (Fr.) Keissler em Maharashtra. *PKV. Res. J.,* 17 (2): 206-207.

Khodke, S., W., Pawar, R.V. and Bhopale, A. A., 2000, Pathogenecity of *Alternaria alternata* (Fr.) Keissler causing leaf spot disease of chilli. PKV. *Res. J.,* 24 (2):123.

Kobayashi, Y., Tuskamoto, T., Saito, J. e Sugimoto, S., 2004, *Alternaria* fruit rot of melon caused by *Alternaria alternata* . *Res. Bull. Pl. Prot. Service.* Japão, 40: 153-155.

Kumar, S., Upadhyay, J. P. e Kumar, S., 2006, Bio-controlo da mancha foliar de *Alternaria em Vicia fiba* utilizando fungos antagonistas. *J. Bio. Cont.,* 20 (2):247-250.

Lilly, V. G. e Barnett, H. L., 1951, Physiology of the fungi. *McGraw Hill Book Company, Inc.,* Nova Iorque, P:464.

Mahendranathan, C., Adinkaram, N. K. B. e Terry, A. L., 2009, Biological elicitation of resistance against anthracnose in aubergines (*Solanum melongena* L.). *Sixth Int.* Antalya, Turquia.

Maheshwari, S. K., Singh, D. V. e Sahu, A. K., 2001, Effect of several media on the growth and sporulation of *Alternaria alternata. J. Mycopath. Res.,* 37: 21-23.

Mangala, U. N., Subbarao, M. e Ravindrababu, R., 2006, Host range and resistance to *Alternaria alternata* leaf blight of chilli. *J. Myco. Pl. Path.,* 36 (1): 84-85.

Mathur, K. e Shekhawat, K. S., 1986, Chemical control of early blight in *Kharif* sown tomato. *Indian J. Mycol. and Pl. Path.,* 16: 235-236.

Meah, M. B., Islam, M. R.. and Islam, M. M., 2004, Developement of an integrated aprroach for management of *Phomopisis* blight/fruit rot of eggplant in Bangladesh (Desenvolvimento de uma abordagem integrada para a gestão do míldio da *Phomopisis/ podridão* dos frutos da beringela no Bangladesh). *Ann. Relatório de investigação. Rep. Dept. Pl. Path. BAU,* Mymensingh, Bangladesh, p. 57.

Meah, M. B., 2002, Desenvolvimento de uma abordagem integrada para a gestão da podridão de Phomopsis da planta do ovo no Bangladesh. BAU, Reg. Prog., pp. 12:33.

Messiaen, C. M., 1994, A horta tropical. Principle for improvement and increased production with application to the main vegetable types. *Macmillan Press Limited, Londres e Basingstoke,* p. 508.

Miller, P. M., 1955, V-8 juice agar as a general purpose medium for fungi and bacteria. *Phytopath,* 45 : 461-

462.

Mistry, D. S., 1992, Investigações sobre a mancha foliar (*Alternaria alternata* (Fr.) Keissler) e o míldio foliar (*Drechslera hawaiensis* Bough) da papaia. Tese de Mestrado (Agr.), apresentada à Universidade Agrícola de Gujarat, Sardar Kushinagar (Gujarat).

Muneeshwar, S., Razdan, V. K. e Mohd, R., 2012, Avaliação *in vitro* de fungicidas e agentes de biocontrolo contra o míldio foliar da brinjal e o agente patogénico da podridão dos frutos *Phomopsis vexans* (Sacc. e Syd.) Harter. *J. Life. Sci.,* 9 (3): 327-332.

Murray M. G., Thompson W. F., 1980, Rapid isolation of high molecular weight plant DNA. *Nucleic Acids Res.,* 8: 4321-4326.

Nene, Y. L. e Thapliyal, P. N., 1982, *Fungicides in Plant Diseases control. Oxford e IBH Publishing Co. Pvt. Ltd.,* Nova Deli, p. 163.

Nene, Y., L. e Thapliyal, P. N., 1973, Fungicide in Plant Diseases control, III edition. *Oxford e IBH Publishing Co. Pvt. Ltd.,* Nova Deli, p. 325.

Pan, S. e Acharya, S., 1995. Estudos sobre a natureza das sementes de *Phomopsis* vexans (Sacc. e Syd) Harter. Indian Agriculturist, 39 (3): 193-198.

Panchal, D. G. e Patil, R. K., 2009, Eco-friendly management of fruit rot of tomato caused by *Alternaria alte rnata* . *J. Mycol. Pl. Path.,* 39 (1): 66-69.

Panda, R. N., Tripathy, J. K. e Mohanty, A. K., 1996, Antifungal efficiency of Homeopathic drugs and leaf extracts in brinjal. *Env. Eco.,* 14 (2): 292-294.

Pani, B. K., Singh, D. V. e Nanda, S. S., 2013, Controlo químico e económico da praga de *Phomopsis* e do apodrecimento dos frutos da brinjal na zona montanhosa de Eastern ghats de Odissa. *Int. J. Agric. Env. & Biotech.,* 6 (4): 581-583.

Pandey, B. N., Srivastava, S. P. e Srivastava, R. K., 2006, Studies on effect of various culture media on growth, sporulation and morphological variations of *Alternaria alternata* (Fr.) Keissler. *Flora e Fauna Jhansi,* 12 (2): 247-248.

Pandey, K. K. e Vishwakarma, S. N., 1998, Crescimento, esporulação e características das colónias de *Alternaria alternata* em diferentes meios à base de vegetais. *J. Mycol. Pl. Patho.,* 28: 346-347.

Pandey, K. K., Pandey, P. K., Kalloo, G. e Chaurasa, S. N. S., 2002, *Phomopsis* blight in brinjal and source of resistance. *Indian Phytopath,* 55 (44): 507-509.

Papavizas, G. C., 1973, Status of biological control of soil borne pathogen. *Soil Bio. and Bioche.,* 5 :709.

Patel, K. D. e Joshi, K. R., 2001, Efeito antagonista de alguns bioagentes *in vitro* contra *Colletotrichum gloeosporioides* Penz. e Sacc. O agente causal da mancha foliar do açafrão-da-terra. *J. Mycol. and Pl. Path.*, 31 : 126.

Patel, K. D. and Joshi, K. R., 2002, Efficacy of different fungicides against *Colletotrichum gloeosporioides* Penz. and Sacc.the causing leaf spot of turmeric. *J. Mycol. and Pl. Path.*, 32: 413-414.

Patil, J. S. e N. S. Suryawanshi, 2015, Efeito de caracteres nutricionais e fisiológicos de *Alternaria alternata* causando podridão de frutos de morango. *Res, Lab, Dept, Bota*, K.V. Pendharkar College of Arts, Science and Commerce, Dombivli (E)- 421203 Maharashtra (Índia). 8 (1):69.

Prasad, Y. e Naik, M. K., 2003, Evaluation of genotype fungicides and plant extracts against early blight of tomato caused by *Alternaria solani. Indian*
J. Pl. Pro., 30 (2):49-53.

Raheja, S. e Thakore, B. B. L., 2002, Effect of physical fator, plant extracts and bio-agent on *Colletotrichum gloeosporioides* Penz. O organismo causal da antracnose do inhame. *J. Mycol. and Pl. Path.*, 32:293-294.

Rangaswamy, G. e Sambandam, C. N., 1960, Comparative studies on some *Alternaria spp.* occurring on solanaceous hosts. *Indian J. Agric. Sci.*, 31:160-171.

Rani, S. G. and Murthy, K. V. M. K., 2004, Cultural and nutritional characteristic of *Colletotrichum gloeosporioides,* the causal organism in cashewnut anthracnose. *J. Mycol. Pl. Path.*, 34: 317-318.

Ray, R. C. e Punithalingam, E., 1996, Epilogue of sweet potato tubers in tropics II. Podridão negra de Java por *Botryodiplodia theobromae* pat. Estudos de crescimento e modo de infeção. *Adva. Agric. Sci.*, 10:151-157.

Robinson, P.M. and Park, D., 1966, Volatile inhibitor of spore germination produced by Taagi. *Trans. British Mycol. Soci.*, 49:639-649.

Saeed, M., A. Ahmad, M. e Khan, M. A., 1995, Effect of different media, temperature, pH levels, nitrogen and carbon sources on the growth of *Alternaria alternata. Pakistan J. Phytopath*, 7 (2):210-211.

Salgado, C. H. D., Arias, A. P., Flores, M. F. Soto, E. S. e Gomez, R. B., 1998, Atividade antagonista de *Trichoderma* spp. isolado de um solo da província de Granna, Cuba, contra *Alternaria solani. Sor. Revista dela Faculted de Agronomia Univ. delzulia*, 16 (2):167-173.

Santha Kumari, P., 2002, Biocontrol of anthracnose of black pepper. *J. Mycol. and Pl. Path,*

Sas-Piotrowska, B. e Dorszewski, J., 1996, Relação entre agentes patogénicos, *Trichoderma spp.* e *Gliocladium roseum* (Link) Thom. *Phytopathologia Polónica*, 11 : 97-101.

Shah, R., 1980, Investigation on morphology, growth and effects of fungicides on the mustard leaf spot organism *Alternaria alternata* and on fungi associated with mustard seeds. Tese de Mestrado (Agri.), RAU, Udaipur.

Shahriary, D. e Roozbenhani, A. K., 1997, The prevalence of stem canker of tomato in Varamin. *Appl. Ent. and Phytopath* .,65 (1):12-19.

Sharma, M., Razdan, V. K. e Gupta, S., 2011, Ocorrência de *Phomopsis* leaf blight e podridão de frutos de brinjal causada por *Phomopsis vexans* em Jammu. *Ann. Pl. Protec. Sc.,* 19 (2): 396-399.

Sharma, M., Razdan, V. K. e Rajik, M., 2012, Avaliação *in vitro* de fungicidas e agentes de biocontrolo contra o míldio foliar da brinjal e o agente patogénico da podridão dos frutos *Phomopsis vexans* (sacc. & syd.) Harter. *Bioinfolet., 9* (3): 327 - 332.

Sharma, R. N., Maharshi, R.P. e Gaur, R. B., 2008, Bio-controlo da podridão do caroço em frutos de kinnow com bioagentes incluindo um género de levedura não registado (*Spriodiobolus pararoseus*). *J. Mycol. Pl. Path.*, 38 (2): 211- 215.

Sharmin, D., Khalil, M. I., Begum, S. N. e Meah, M. B., 2011, Molecular characterization of eggplant crosses by using RAPD analysis. *Int. J. Sust. Crop Prod.*, 6 (1):22-28.

Shekhawat, P. S. e Prasad, R., 1971, Antifungal properties of plant extracts inhibition of spore germination. *Indian phytopath* .,24 (4): 801-802.

Shirshikar, G. S., 2002, Studies on fruit rots of mango (*Mangifera indica* L.) caused by *Botryodiplodia theobromae* Pat. and *Colletotrichum gloeosporioides* Penz. and their management. Tese de Mestrado (Agri), KKV, Dapoli, Maharashtra, Índia.

Shivapuri, A., Sharma, O. P e Jamaria, S. L., 1997, Fungitoxic properties of plant against pathogenic fungi. *J. Mycol. and Pl. Path.,* 27: 29-31.

Singh, J. e Majumdar, V. L., 2001, Efficacy of plant extract against *Alternaria alternata*. O agente causador do apodrecimento dos frutos da romã (*Punica granatum L*). *J. Mycol. Pl. Path.,* 31 (3): 346-349.

Singh, K. e Rai, M., 2003, Evaluation of chemicals against *Alternaria* leaf spot of brinjal. *Ann. Pl. Prot. Sci.,* 11 (2):394-395.

Singh, M. e Shukla, T. N., 1984, Chemical control of *Alternaria* leaf spot and fruit rot of brinjal caused by *Alternaria alternata* . *Indian J. Mycol. Pl. Phytopath* ., 14 (1): 81-83.

Singh, M. e Singh, M. 1987, Survival and perpetuation of *Alternaria alternata* causing leaf spot and fruit rot of brinjal. *Farm Sci. J.*, 2 (2): 116-119.

Singh, P. C. e Singh, D., 2006, Avaliação *in vitro* de fungicidas contra *Alternaria alternata. Annals Pl. Prot. Sci.,* 14 (2): 500-502.

Singh, R. S., 1992, Disease of vegetable crops, segunda edição. Oxford e IBH publishing company Pvt. ltd. Nova Deli, Bombaim e Calcutá. pp. 119-121

Singh, U. P., Pandey, V. N., Wagner, K. G. e Singh, K. P., 1990, Antifungal activity of agoene. Um constituinte do alho (*Allium sativum*). *Canadian J. Bot.,* 68 (6):1354-1356.

Smith, B. J. and Black, L. L., 1990, Morphological, Cultural and Pathogenic variation among *Colletotrichumsp.* from Strawberry. *Pl. Dis.,* 74 :69-76.

Snel, M., Schmeling, V. B. e Edgington, L. V., 1970, Fungitoxicidade e relações estrutura-atividade de alguns derivados de oxatiina e tiazol. *Phytopatho,* 60 : 1164-1169.

Srinivasan, S. and Gunasekaran, M., 1998, *In vitro assay* of fungicides against pre ponderant fungi of leaf rot disease of coconut palms. *Pestologia,* 22:17-22.

Stefaniak, M., Z. E., Król, E. e Kowalik, B., 2012, Crescimento e desenvolvimento de *Phomopsis diachenii* Sacc. Em diferentes condições de cultura *Ata Sci. Pol. Hortorum Cultus,* 11 (6): 69-80.

Strashnov, Y., Elad, Y., Sivan, A., Rudich, Y. e Chot, I., 1985, Control of *Rhizoctonia solani* fruit rot of tomatoes by *Trichoderma harzianum* Rifai. *Crop Protection,* 4:359-364.

Sudhakar, 2000, Biologia e gestão da antracnose do *Stylosanthes* causada por *Colletotrichum gloeosporioides* (Penz.) Penz. e Sacc. Tese de Mestrado (Agri.), Uni.Agric. Sci. Dharwad, Índia.

Suman, K. e Sujan, S., 2012, Avaliação de diferentes fungitoxicantes contra o apodrecimento de frutos de brinjal em condições in *vitro* e *in vivo. Pl. Des. Res.,* 25 (1):81.

Suseelabhai, R., Ishwara Bhat, A. e Anandaraj, M., 2003, Premature yellowing and bean shedding in vanilla (*Vanilla planifolia* Andrews). Trabalho apresentado no *Simpósio sobre Desenvolvimento Recente no Diagnóstico e Gestão de Doenças de Plantas para Enfrentar os Desafios Globais,* realizado em Dharwad de 18 a 20 de dezembro de 2003, pp. 88-89.

Than, P. P., Prihastuti, H., Phouliving, S., Taylor, P. W. J. e Hyde, K. D., 2008, Chilli anthracnose caused by *Colletotrichum* species. *Journal of Zhejiang University Science B.,* 9 (10): 764-778.

Thippeswamy, B. M., Krishnappa, C. N., Chakravarthy, A. M., Sathisha, Jyothi, S. U. e Vasanthakumar, K., 2006, Pathogenecity and management of *phomopsis* blight and leaf spot in brinjal caused by *Phomopsis vexans* and *Alternaria solani. Indian Phytopath .,* 59 (4): 475-481.

Tziros, G., T. Lagopodi, A. L. e Tzavela-Klonari, K., 2008, *Alternaria alternata* fruit rot of pomegranate (*Punica granatum*) in Greece. *Pl. Path.,* 57 (2): 379.

Vadilal, S. e Ebenezar, E. G., 2006, Eco-friendly management of leaf blight of tomato caused by *Alternaria alternata* . *J. Mycol. Pl. Pathol.*, 36 (1): 79-83.

Vavilov, N. I., 1928, *Proc.5th International Congress of Genetics*, Nova Iorque, pp- 342-69.

Vincent, J. M., 1927, *Nature.*,159p: 850.

Voorrips, R. E., Finkers, R. e Sanjaya, L., 2004, Mapeamento de QTL de resistência à antracnose (*Colletotrichum* spp.) num cruzamento entre *Capsicum annuum* e *C. chinense. Theoretical and Appl. Genetics,* 109: 1275-1282.

Wall, M. M. e Biles, C. L., 1993, *Alternaria* fruit rot of ripening chilli peppers *Phytopath* ., 83 (3):324-328.

Washathi, A. D. e Bhargava, P. K., 2000, Effect of blight (*Colletotrichum dematium*) on seed yield of chickpea (*Cicer arietum*). *Indian J. Agric. Sci.*, 20: 45-47.

Wiest, P., Wiese, Kurt, Jacobs, Michael, R., Morrissey, Anne, B., Abelson, Tom, I., Witt, W., Lederman, Michael, M., 1987, *Alternaria* infection in a patient with acquired immuno deficiency syndrome: Relato de Caso e Revisão de Infecções Invasivas por *Alternaria. Rev. Infec. Dis.,* (The University of Chicago Press) 9 (4): 799-803.

WU Ren-feng, Yang Shao-li e Yang De-zhi, 2013, Estudos sobre a identificação da podridão de *Phomopsis* da berinjela causada por *Phomopsis vexans* e suas características biológicas *Wuhan Vegetable Research Institute Wu han* 430065, Hubei, China, 1 (8):80-85.

Y adav, B. P., Rashmi. e Ojha, K. L., 1998, Management of leaf spot and blight of brinjal using fungicides and plant extracts. *J Appl. Bio.,* 8 (2): 57-60.

Y ap, I. V., Nelson R. J., 1996, In WinBoot: A program for pe rforming bootstrap analysis for binary data to determine the confidence limits of UPGMA- based dendrograms. Série de documentos de discussão número 14, IRRI, Manila *Zeitschrift*, 29: 413-468.

Y awalkar, K. S., 1985, Vegetable crops in India. *Agri Horticulture Publishing House*, Nagpur, Índia, p. 94.

Zhou-Chao Ying, Zhao-Jie, Ni-Xiuhong, Gu, Zhen Fang, Lia-Jianming e Zhou-Ming, 2006, Screening of fungicides of *Alternaria alternata. J. Shanghai Jiaotong. Uni. Agric. Sci.*, 24 (6): 549-552.

Apêndice. I: Preços dos inputs e out puts

Sl. No.	Particulars	Price (Rs)
1	Seed cost	250
Cost of Fertilizers/kg		
2	Urea	5.70/kg
3	SSP	5.50/kg
4	MOP	16.80/kg
Cost of chemicals/500 gm/ml		
5	Carbendazim	336
6	Score	200
7	Tilt	750
8	Contaf	180
9	Folicure	530
10	Difoltan	277
11	Kavach	340
12	Blitox	315
13	Amistar	1000
14	*Trichoderma*	600
Labour wages		
12	Men	200/day=1000

Apêndice II. Despesas totais por hectare

Sl. No.	Particulars	Price (Rs)/500ml/gm
1	Harrowing and deep ploughing	5500
2	Layout and sowing	2000
3	Irrigation charges	3000
4	Weeding	4000
5	Harvesting	3000
6	Seed cost	200
	Sub total	**17700**
Chemical fertilizers		
1	NPK at 125:100:50	2082

Apêndice III: Dados metrológicos durante o período experimental (agosto de 2014 a maio de 2015) na Universidade de Ciências Hortícolas, Bagalkot

Month	Week	Temperature (°C)			Relative humidity (%)		Rainfall (mm)
		Maximum	Minimum	Average	Morning	Evening	
August - 2014	1st week	27	21	24	86	65	0.42
	2nd week	29	21	25	86	75	0
	3rd week	31	21	26	87	66	2.1
	4th week	25	20	22.5	84	69	13.1
September - 2014	1st week	27	21	24	76	70	5.2
	2nd week	29	21	25	81	63	0.7
	3rd week	28	21	24.5	82	49	3.8
	4th week	31	20	25.5	87	58	0
October - 2014	1st week	27	21	24	85	67	0
	2nd week	31	21	26	76	56	0.2
	3rd week	31	21	26	85	76	0
	4th week	28	20	24	87	76	5.7
November -2014	1st week	29	18	23.5	90	66	0
	2nd week	30	17	23.5	77	63	0.7
	3rd week	29	19	24	90	67	0
	4th week	30	17	23.5	85	67	0
December -2014	1st week	25	16	20.5	65	61	0
	2nd week	28	15	21.5	85	72	2.1
	3rd week	28	20	24	81	66	0
	4th week	29	15	22	80	66	0

Contd...

Month	Week	Temperature (°C)			Relative humidity (%)		Rainfall (mm)
		Maximum	Minimum	Average	Morning	Evening	
January – 2015	1st week	29	17	23	79	63	0
	2nd week	28	13	20.5	61	64	0
	3rd week	30	16	23	63	56	0
	4th week	31	17	24	66	57	0
February -2015	1st week	31	16	23.5	53	48	0
	2nd week	32	17	24.5	64	26	0
	3rd week	34	17	25.5	67	30	0
	4th week	33	19	26	54	28	0
March - 2015	1st week	32	18	25	90	46	0
	2nd week	35	20	27.5	81	52	0
	3rd week	36	22	29	60	45	0
	4th week	37	22	29.5	86	51	0
April - 2015	1st week	36	23	29.5	82	54	0
	2nd week	37	23	30	85	58	5.5
	3rd week	34	21	27.5	79	48	0
	4th week	37	23	30	83	61	0
May - 2015	1st week	37	24	30.5	78	62	0
	2nd week	37	23	30	80	60	1.1
	3rd week	35	23	29	75	64	0

RESUMO

O apodrecimento dos frutos da brinjal causado por *Alternaria alternata* , *Colletotrichum melongenae* e *Phomopsis vexans* é uma das doenças importantes da brinjal no norte de Karnataka. A presente investigação foi efectuada no Departamento de Patologia Vegetal do COH, Bagalkot, durante os anos de 2013-14 a 2014-15. Os resultados do inquérito itinerante revelaram que o índice percentual da doença era elevado em Bagalkot taluk, seguido de Badami e Jamakandi taluk. Dos nove meios sólidos diferentes testados, o ágar dextrose de batata (PDA), o ágar de farinha de aveia e o ágar de Sabouraud revelaram-se os melhores para o crescimento micelial e a esporulação dos três agentes patogénicos, respetivamente. Entre os 60 genótipos analisados em condições de campo, apenas dois genótipos (CBB-3 e CBB-26) foram considerados resistentes, enquanto 31 genótipos apresentaram uma reação moderadamente resistente e 27 genótipos apresentaram uma reação moderadamente suscetível. A impressão digital RAPD-PCR do germoplasma de brinjal contra o apodrecimento dos frutos revelou que vinte e dois genótipos foram analisados com 13 iniciadores, 9 iniciadores mostraram 100% de polimorfismo e os restantes 4 iniciadores mostraram 5878% de polimorfismo. Entre todos os genótipos seleccionados, a linha 3 (K12D1012-6) e a linha 11 (K12D1052-1) eram as mais afastadas entre si; no entanto, a linha 17 (K12D1036-1) e a linha 21 (K12D1011-5) eram muito próximas. Embora a linha 3 e a linha 19 pertençam a grupos diferentes com menor coeficiente, são semelhantes no que respeita à resistência à podridão dos frutos. Entre os oito fungicidas testados *in vitro, o* tebuconazole @ 0,1%, o carbendazim @ 0,1% e o propiconazole @ 0,1% foram os mais eficazes na inibição do crescimento micelial dos três agentes patogénicos, respetivamente. Entre os botânicos testados, o extrato de bolbo de alho, o extrato de bolbo de cebola e o extrato de fruto de kokum foram considerados mais eficazes a 5 e 10% de concentração na inibição do crescimento micelial de todos os agentes patogénicos. Entre os agentes de controlo biológico testados *in vitro, T. harzianum-p* e *T. harzianum-21* foram considerados eficazes. O ensaio de campo sobre a eficácia dos fungicidas e bioagentes indicou que a pulverização de clorotalonil @ 0,1% antes da frutificação é eficaz, uma vez que registou a menor percentagem de podridão dos frutos (4,90), o lucro líquido máximo (Rs. 3,20,463 /ha) e o maior B:C (9,02) do que todos os outros tratamentos.

I want morebooks!

Buy your books fast and straightforward online - at one of world's fastest growing online book stores! Environmentally sound due to Print-on-Demand technologies.

Buy your books online at
www.morebooks.shop

Compre os seus livros mais rápido e diretamente na internet, em uma das livrarias on-line com o maior crescimento no mundo! Produção que protege o meio ambiente através das tecnologias de impressão sob demanda.

Compre os seus livros on-line em
www.morebooks.shop

info@omniscriptum.com
www.omniscriptum.com

Printed by Books on Demand GmbH, Norderstedt / Germany